农民工作业安全常识

王　成　赵俊保　编写

煤 炭 工 业 出 版 社

·北　京·

图书在版编目（CIP）数据

农民工作业安全常识／王成，赵俊保编写．--北京：煤炭工业出版社，2018

ISBN 978-7-5020-6547-8

Ⅰ.①农… Ⅱ.①王… ②赵… Ⅲ.①民工—安全生产—基本知识 Ⅳ.①X925

中国版本图书馆 CIP 数据核字（2018）第 194299 号

农民工作业安全常识

编　　写　王　成　赵俊保
责任编辑　尹忠昌　唐小磊
编　　辑　康　维
责任校对　李新荣
封面设计　罗针盘

出版发行　煤炭工业出版社（北京市朝阳区芍药居 35 号　100029）
电　　话　010-84657898（总编室）　010-84657880（读者服务部）
网　　址　www. cciph. com. cn
印　　刷　北京玥实印刷有限公司
经　　销　全国新华书店

开　　本　880mm×1230mm $^{1}/_{32}$　**印张**　$7^{3}/_{4}$　**字数**　197 千字
版　　次　2018 年 8 月第 1 版　2018 年 8 月第 1 次印刷
社内编号　20181082　　**定价**　26.00 元

出版说明

安全生产事关人民福祉，事关经济社会发展大局。为深入贯彻落实党的十九大提出的“生命至上、安全第一”的发展理念和习近平总书记关于推动安全教育进企业、进农村、进社区、进学校、进家庭的重要指示精神，国务院安全生产委员会办公室印发了《安全生产宣传教育“七进”活动基本规范》，要求各地区、各部门和各单位要充分认识安全生产宣传教育“七进”（进企业、进校园、进机关、进社区、进农村、进家庭、进公共场所）活动的重要意义，进一步提高全民安全意识和安全素质，广泛营造全社会关注和参与安全生产的良好氛围。为此，煤炭工业出版社组织编写了《农民工作业安全常识》。

本书以增强农民工安全意识和法律意识，掌握安全生产常识和现场操作技能为重点，着重介绍了安全生产的法律法规和方针政策，从业人员的权利和义务，特殊作业环节的安全技术知识，职业卫生与劳动防护知识以及事故应急自救与互救等内容。该书可作为农民工基础培训教材，也可供相关行业、企业从事安全生产工作的人员参考、使用。

该书在编写过程中，受到全国总工会书记处原书记、中国安全生产协会名誉会长纪明波，国务院参事室特约研究员、原国家安全监管总局党组成员、总工程师、新闻发言人、中国煤矿尘肺病防治基金会理事长黄毅，中国煤矿尘肺病防治基金会副理事长兼秘书长杨庆生，中国企业文化促进会会长吕德文、副会长兼秘书长张鸿钧的热情指导和大力支持，在此一并表示感谢。

编　者

2018 年 7 月

目　录

第一章　安全生产法律常识

习近平总书记在党的十九大报告中指出："树立安全发展理念，弘扬生命至上、安全第一的思想，健全公共安全体系，完善安全生产责任制，坚决遏制重特大安全事故，提升防灾减灾救灾能力。"安全生产是党和国家生产建设中一贯的指导思想和重要方针，提高安全生产法律意识，是全面落实习近平新时代中国特色社会主义思想和实现"两个一百年"奋斗目标的必然要求。

安全生产的根本目的是保障劳动者在生产过程中的安全和健康。安全促进生产，生产必须安全。没有安全就无法正常进行生产。搞好安全生产，可以减少人员伤亡与财产损失，提高企业效益，推动经济的健康发展，促进社会和谐稳定。

1. 为什么要增强安全生产法律意识？

安全生产法律意识是保障安全生产的思想前提，这既是由安全生产的特点所决定的，又是由法律的特点所决定的。

1）什么是法律

法律是由国家制定或认可，具有国家意志，并由国家强制实施的行为规范。它规定人们在社会关系中的权利和义务，从而维护国家的社会关系和社会秩序。

法律内涵主要包括：①由国家认可的行为规范；②规定人们的权利和义务，并以国家强制力对其权利加以保障，并对其权利和义务进行监督实施；③法律是由国家强力保证实施的，具有普遍约束力。这是区别法律与其他社会规范（如道德规范、宗教规范、风俗规范等）的最本质的特征。

2）什么是违法

违法是一种不符合现行法律要求，超出现行法律所允许范围的活动。构成违法，应具备以下条件：①必须是人们的某种行为，而不是思想问题；②行为人的行为必须侵犯了法律所保护的社会关系，对社会造成危害；③行为人必须要有过错（故意和过失)；④行为人必须具有法定责任能力。

3）什么是法律制裁

法律制裁是指国家专门机关对违法者依其所应承担的法律责任而实施的强制性惩罚措施。违法行为必须承担法律责任，追究法律责任，一般都必须实施法律制裁。法律制裁可分为：违宪制裁、刑事制裁、民事制裁、行政制裁四种形式。

4）什么是安全生产法律

安全生产法律是一个包含多种法律形式和法律层次的综合性法律体系。从法律规范的形式和特点来说，既包括整个安全生产法律的宪法规范，也包括行政法律规范、技术性法律规范、程序性法律规范。2014 年 8 月修订通过的《安全生产法》，是我国安全生产的专门法律、基本法律，是全面规范我国安全生产工作的一部综合性大法。认真学习贯彻安全生产法，对于牢固树立“以人为本、生命至上、安全第一”的发展理念，防止减少安全生产事故，保障职工生命安全，促进经济社会发展，具有重大的意义。

一是，安全生产是一个普遍的要求，即事事、处处、人人都必须重视和实现安全生产的要求，而安全生产法律的普遍性和约束力可以为安全生产提供有力的思想保障。

二是，安全生产的要求必须自觉遵守，认真执行，不许违反。安全生产的这种强制性只有通过法律法规才能实现，使违反者受到法律追究，承担法律责任。

三是，安全生产事关重大，需要法律的力量来支持和保障。而法律的优势就是具有权威性，可以用国家的力量来强制执行。

增强安全法律意识，就是使人们认识到法律的权威不容侵犯，自觉遵守安全生产法律、法规，从而保障生产活动安全进行。

2. 安全生产的重要意义是什么?

安全生产是党和国家在生产建设中一贯的指导思想和重要方针。习近平总书记多次强调，要始终把人民生命安全放在首位，发展决不能以牺牲安全为代价。安全，对我们每个人都是十分重要的。打个比方，当把人的生命比做“1”时，我们的事业、家庭生活就在“1”后面加“0”，后面的“0”加的越多，说明我们的事业越辉煌、家庭生活越美满。倘若人的生命不存在了，“1”后面再有更多的“0”又有什么意义呢？这虽然是一个简单的算术题，但却说明了“人的生命是十分可贵的，人人都必须珍惜”这个道理。所以，必须要把保护人身安全放在第一位，时刻牢记安全生产，不能有丝毫的麻痹和松懈。

那么，什么叫安全生产呢？安全生产是在生产过程为防止发生人身伤亡、消除事故危险因素、保障人身安全与健康、避免设备设施免受损坏的总称。

安全生产事故不仅会造成企业和国家的重大经济损失，而且还会给职工个人身心和家庭带来严重伤害，影响企业生产的正常秩序，甚至造成社会的不稳定。生存和健康是人们最根本所需，一旦发生工伤事故，不但给自己的身体造成伤害，还带来精神上的巨大痛苦。

因此，广大农民工朋友在进城务工前，务必要想清楚：生命和健康比挣钱更重要。参加工作后，就要和各种机器、工具、建筑物和原材料打交道，这些机器、工具、建筑物、原材料可能存在各种意想不到的危险性和不安全因素。如果在生产劳动过程中不注意安全，不懂得正确的操作方法，就可能引发工伤事故，造成人员伤亡和财产损失。

因此，广大农民工在生产劳动过程中，一定要树立自我保护意识，掌握安全生产知识和正确的操作方法，严格遵守安全生产法律法规，做到“三不伤害”，即不伤害自己，不伤害他人，不被他人伤害。

1）遵章守纪

遵章守纪对于安全生产至关重要。企业为了确保工作和生产顺利进行，制定了各种规章制度，要求所有员工严格遵守。与安全生产有关的其他规定，如操作规程、劳动纪律等，也都是必须遵守的。安全生产方面的规程，是用血的教训换来的，农民工一定要熟知、牢记，并严格按照安全操作规章办事，不能有任何侥幸心理。要时刻记住，遵章守纪就是保护自己。

2）认真学习

农民工进入生产岗位前，一定要了解和掌握所在单位和岗位的生产特点、生产过程的危险部位，掌握基本的安全生产知识，认真学习安全操作技术，然后方能上岗操作。如果学习时心不在焉，抱着应付态度，上岗后就难免会发生工伤事故。

（1）要认真参加单位组织的“三级”（工厂、车间、班组）安全教育培训。

（2）不懂就问。从事一项新的工作，有不少东西是过去没有见过的，哪些不明白，要随时向师傅和同事请教。

（3）弄懂再干。有些难以理解又一时弄不明白的地方，要弄懂后再干，如果不懂装懂，操作时就会出差错，难免会发生事故。

3）切勿蛮干

工业生产场所、建筑工地等作业现场，情况比较复杂，危险因素多，不可大大咧咧，更不能逞强蛮干。

4）反复练习

有时会遇到这种情况，心里明白怎么干，但手脚就是不听使唤。因此，对所学的操作技能，只有经过反反复复的练习，达到

得心应手的程度，才能确保安全，避免事故。

3. 安全生产的基本方针是什么？

《安全生产法》中规定：“安全生产工作应当以人为本，坚持安全发展，坚持安全第一、预防为主、综合治理的方针”。所谓方针，是指一个领域、一个方面各项工作的总的原则，这个领域、这个方面的各项具体制度、措施，都必须符合这个方针的要求。

“安全第一”说明和强调了安全的重要性。人的生命是至高无上的，每个人的生命只有一次，要珍惜生命、爱护生命、保护生命。事故意味着对生命的摧残与毁灭。因此，在生产活动中，应把保护生命安全放在第一位，坚持优先考虑人的生命安全，决不能以牺牲人的生命、健康为代价换取发展和效益。在生产经营活动中，当生产和安全发生矛盾时，必须先解决安全问题，要始终把安全，特别是从业人员的人身安全放在首要位置，实行“生命至上、安全第一”的原则，在确保安全的前提下，努力实现生产经营的目标，推动企业的发展。但从目前的实际情况来看，还存在着许多不尽如人意的地方：有些企业不能正确处理发展经济与保障生产安全的关系，把安全生产视同橡皮筋，任务轻时抓一下，任务重时就忘记；有些企业片面追求发展速度，而忽视甚至放弃安全生产管理；有些企业规章制度松弛，安全生产责任制形同虚设；还有一些企业老板见利忘义，要钱不要命，纵然违法违规生产经营，导致事故不断发生等。鉴于存在这些问题，必须深入贯彻落实十九大提出的“生命至上、安全第一”的发展理念，坚决遏制重特大安全事故，提升防灾减灾救灾能力。

“预防为主”是说要把安全生产的重点放在预防事故的发生上，强化隐患排查治理，“打非治违”，从源头上控制、预防和减少生产安全事故。对安全生产的管理，主要不是在发生事故后组织，进行调查，追责任。当然，这些都是安全生产管理工作中的不可或缺的重要方面，对事故预防也有亡羊补牢的作用。但相比较而言，如果我们能事先做好预防工作，防微杜渐、防患于未然，把事故隐患及时消灭在萌芽状态，那就可以避免减少事故的发生。我们常说，隐患猛于虎。对于特种行业、特殊职业，任何一个小小的隐患都可能酿成安全事故。因此，做好预防工作就是落实“安全第一”的最重要措施，离开了“预防为主”，“安全第一”也是一句空话。

“综合治理”就是运用行政、经济、法制、科技等多种手段，充分发挥社会、职工、舆论的监督作用，从各个方面解决影响安全生产的深层次问题，做到思想上、制度上、技术上、监督上、事故处理上和应急救援上的综合治理，形成生产经营单位负责，工会和职工参与，政府部门监管，全社会监督的安全生产新格局。

4. 农民工为什么要签订劳动合同?

劳动合同，也称劳动契约，是指劳动者与用人单位签订的一份协议，它用来明确劳动者和用人单位双方的权利和义务，是双方建立劳动关系的重要书面凭证，具有法律效力。《劳动法》《劳动合同法》规定，用人单位和劳动者建立劳动关系，应当签订劳动合同，并明确劳动合同应当采取书面形式。目前一些用人单位为了逃避法律责任，故意不与被录用者订立劳动合同，尤其是在一些中小民营企业中，不与农民工签订劳动合同的现象仍有存在。而有些农民工也不了解劳动合同的重要性，认为反正有事做、有钱挣就行了。殊不知，不签订劳动，可能会使农民工处于非常不利的地位。比如，一旦发生工伤事故，农民工的社会保障权益就可能受到侵犯，发生劳动争议也无据可查等。因此，农民工要想维护好自己的合法权益，一定要签订劳动合同。签订劳动

合同，双方应遵循合法、公平、平等自愿、协商一致、诚实守信的原则，自觉遵守法律法规。

1）劳动合同的作用

（1）以书面形式把劳动者和用人单位之间的劳动关系确立下来。根据《劳动合同法》规定，除了非全日制用工，建立劳动关系应当订立书面劳动合同。

（2）劳动合同明确规定了劳动者和用人单位双方的权利和义务，是维护双方合法权益的依据，对于保护劳动者权益尤为重要。

（3）劳动合同同时起到约束劳动者和用人单位双方行为的作用，是构建和谐劳动关系所必需的。

（4）一旦劳动者和用人单位之间发生工伤劳动争议，劳动合同将成为解决劳动争议的重要依据。

2）劳动合同的内容

（1）用人单位的名称、住所和法定代表人或者主要负责人。

（2）劳动者的姓名、住址和居民身份证或者其他有效身份证件号码。

（3）劳动合同期限，就是劳动合同的有效时间，分为 3 种：固定期限、无固定期限和以完成一定工作任务为期限。

（4）工作内容和工作地点。包括从事的工种、岗位、生产或工作完成的任务（数量、质量），工作所在地等。

（5）工作时间和休息时间及休假。包括执行哪些工时制度以及对休息休假的具体约定等。

（6）劳动报酬。包括劳动报酬的标准，工资的支付形式、支付期限等。

（7）社会保险。包括工伤保险和当地已将农民工纳入的各项社会保险。

（8）劳动保护。包括劳动场所的安全生产、劳动保护措施，以及职业危害防护措施等。

(9) 法律、法规规定应当纳入劳动合同的其他事项。

劳动合同除上述内容外，劳动者还可以与用人单位协商约定试用期、培训、保守商业秘密、补充保险和福利待遇等事项。请注意，试用期不许超过6个月，而且试用期包括在劳动合同期限内。

3）签订劳动合同

(1) 用人单位向农民工提出劳动合同草案。

(2) 协商确定劳动合同的内容。用人单位应如实告知劳动者工作内容、工作条件、工作地点、职业危害、安全生产状况、劳动报酬以及劳动者要求了解的其他情况；用人单位也有权了解劳动者与劳动合同直接相关的基本情况，劳动者应当如实说明。在了解对方的基本情况后，双方可以就合同的条款进行协商。经双方协商，最后达成协议。用人单位和劳动者的要求都应明确化、具体化，尽量把双方协商后的内容用文字的形式加以固定，以免将来发生争议。如果双方在签订时发生纠纷，应通过合法方式解决，合同条款必须合法。

(3) 签名盖章。劳动者与用人单位协商的内容形成劳动合同的书面文本，双方当事人在书面劳动合同文本上签名盖章，劳动合同即告成立有效。合同至少一式两份，双方各执一份，妥善保管。

尽管已经签订劳动合同，如果用人单位和劳动者协商一致，也可以变更劳动合同的内容。但变更的内容应当采用书面的形式记载，并经用人单位和劳动者双方签字后才能生效。双方应当各执一份。

4）无效劳动合同

无效劳动合同是指不具有法律效力的合同。主要表现在以下几个方面：

(1) 采取欺诈、胁迫的手段或者乘人之危，使对方在违背意志的情况下订立或者变更劳动合同的。如用人单位隐瞒岗位的

职业危害诱骗劳动者订立劳动合同；或者以非法手段相胁迫，强迫劳动者订立不愿接受的劳动合同，都属于这种情形。

（2）用人单位免除自己的法定责任、排除劳动权利的。如约定不参加工伤保险，工作中受伤概不负责等。

（3）违反法律、法规强制性规定的。如我国法律禁止使用童工，如果用人单位与未满 16 周岁的未成年人订立劳动合同，这个劳动合同是无效的。

无效的劳动合同，从订立的时候起就没有法律约束力。如果劳动合同的部分约定无效，而不影响其余部分的效力，则其余部分仍然有效。

如果由于用人单位的原因订立无效劳动合同，给劳动者造成损害的，用人单位应依照法律规定予以赔偿。

5. 签订劳动合同应注意哪些事项？

《安全生产法》规定，生产经营单位与从业人员订立劳动合同，应当载明有关保障从业人员劳动安全、防止职业危害的事项以及依法为从业人员办理工伤保险的事项。生产经营单位不许以任何形式与从业人员订立协议，免除或者减轻对从业人员因生产安全事故伤亡依法应承担的责任。

从业人员在参加工作上岗前应和用人单位依法签订劳动合同，建立明确的劳动关系，确定双方的权利和义务。关于劳动保护和安全生产，在签订劳动合同时应注意两个方面的问题：一是在合同中要载明保障从业人员劳动安全，防止职业危害的事项；二是在合同中要载明依法为从业人员办理工伤社会保险的事项。

遇到以下合同不要签订：

（1）“生死合同”。在危险性较高的行业，用人单位往往在合同中写上一些逃避责任的条款，如“发生伤亡事故，单位概不负责”。

（2）“暗箱合同”。这类合同隐瞒工作过程中的职业危害，或者采取欺骗手段剥夺从业人员的合法权利。

（3）“霸王合同”。有的用人单位与从业人员签订劳动合同时，强调自身的利益，无视从业人员依法享有的权益，不容许从业人员提出意见，甚至规定“本合同条款由用人单位解释”等。

（4）“卖身合同”。这类合同要求从业人员无条件听从用人单位安排，用人单位可以任意安排加班加点，强迫劳动，使从业人员完全失去人身自由。

（5）“双面合同”。一些用人单位在与从业人员签订合同时准备了两份合同，一份合同用来应付有关部门的检查，另一份用来约束从业人员。

6. 用人单位在什么情形下可以终止或者解除劳动合同?

签订了劳动合同，劳动者和用人单位之间的劳动关系就以劳动合同这种形式确立起来。如果要结束劳动关系，可以通过终止劳动合同或者解除劳动合同这两种途径来完成。

1）终止劳动合同

用人单位在劳动者出现下列情形时，可以与劳动者终止劳动合同：

（1）劳动合同期限届满。

（2）劳动者依法享受养老保险待遇或死亡，用人单位依法宣告破产或关闭等。

2）解除劳动合同

用人单位在劳动者出现下列情形时，可以与劳动者解除劳动合同：

（1）在试用期间被证明不符合录用条件。

（2）严重违反用人单位的规章制度。

（3）严重失职，营私舞弊，给用人单位造成重大损害。

（4）同时与其他用人单位建立劳动关系，对完成本单位的工作任务造成严重影响，或者经用人单位提出，拒不改正。

（5）以欺诈、胁迫的手段或乘人之危，使用人单位违背真实意思订立或变更劳动合同。

（6）被依法追究刑事责任。

当劳动者出现下列情形时，用人单位应提前30日用书面通知其或额外支付其一个月工资后，可以解除劳动合同：

（1）因生病或非因工负伤，在规定的医疗期满后不能从事原工作，也不能从事由用人单位另行安排的工作。

（2）不能胜任工作，经过培训或者调整工作岗位后，仍不能胜任工作。

（3）劳动合同订立时所依据的客观情况发生重大变化，致使合同无法履行，用人单位与劳动者协商，未能就变更劳动合同内容达成协议。

7. 劳动者在什么情形下可以终止或者解除与用人单位的劳动合同?

为保护劳动者的权益，《劳动法》《劳动合同法》都对用人单位解除劳动合同作出了限制。例如，劳动者从事接触职业病危害作业未进行离岗前健康检查或疑似职业病正在诊断观察的；患职业病或因工负伤丧失劳动能力的；患病或非因工负伤在规定的医疗期内的；女职工在孕期、产期、哺乳期的；在本单位连续工作满15年且距法定退休年龄不足5年的以及法律、法规规定的其他情形，用人单位都不许解除劳动合同。

另外，如果你对自己工作的单位不满意，只要与单位协商一致，就可以解除劳动合同。单位不同意的话，劳动者可以提前

30日（试用期内提前3日）书面通知单位，也可解除劳动合同。

如果用人单位有以下情况，劳动者也可以随时告知用人单位解除劳动合同：

（1）用人单位未按照劳动合同约定提供劳动保护和劳动条件。

（2）用人单位未及时足额支付劳动报酬。

（3）用人单位未依法为劳动者缴纳社会保险费。

（4）用人单位的规章制度违反法律法规，损害劳动者的利益。

（5）劳动者受到欺诈、胁迫或由于用人单位其他原因致使签订的劳动合同是无效的。

（6）法律、法规规定的其他情形。

如果用人单位用暴力、威胁或者非法限制人身自由的手段强迫劳动，或者违章指挥、强令冒险作业危及劳动者的安全，劳动者可以立即解除劳动合同，不需要事先告知用人单位。

8. 终止或者解除劳动合同的，劳动者应得到哪些经济补偿?

在以下情况解除劳动合同的，用人单位应当依照法律法规给予劳动者经济补偿：

（1）用人单位向劳动者提出解除劳动合同并与劳动者协商一致解除劳动合同的。

（2）劳动者因生病或非因工负伤，医疗期满不能从事原工作也不能从事单位另行安排的工作时被解除劳动合同的。

（3）劳动者不能胜任工作，经过培训或者调整工作岗位后，仍不能胜任工作被解除劳动合同的。

（4）订立劳动合同时所依据的客观情况发生重大变化，致使劳动合同无法履行，经用人单位与劳动者协商，未能就变更劳

动合同内容达成协议时被解除劳动合同的。

（5）用人单位依法裁减人员时终止或者解除与劳动者订立的劳动合同的。

如果劳动者因为用人单位未按劳动合同约定支付劳动报酬等原因解除劳动，或解除由于欺诈、胁迫等原因订立的无效劳动合同，用人单位也应当按照规定给予劳动者经济补偿。

此外，用人单位依法宣告破产或被责令关闭等而终止劳动合同的，或因订立的劳动合同期满，用人单位不同意再续订而终止劳动合同的，用人单位应给予劳动者经济补偿。

9. 什么是安全生产责任制？

《安全生产法》提出，生产经营单位必须加强安全生产管理，建立健全安全生产责任制和安全生产规章制度，改善安全生产条件，提高安全生产水平，确保安全生产。安全生产责任制是企业的基本制度，是依据“管生产必须管安全”的原则，对企业高级领导和各类人员规定在安全生产中应负的责任。

职工安全生产主要责任：

（1）认真学习和严格遵守各项规章制度，不违反劳动纪律，不违章作业，对本岗位的安全生产负有直接责任。

（2）精心操作，严格执行工艺纪律，做好各项记录，交接班时必须交接安全情况。

（3）正确分析、判断和处理各种事故隐患，把事故消灭在萌芽状态，如发生事故要正确处理，及时、如实地向领导报告，并保护现场，做好详细记录。

（4）按时认真进行巡回检查，发现异常情况及时处理报告。

（5）正确操作，精心维护设备，保持作业环境整洁，搞好文明生产。

（6）上岗必须按规定着装，妥善保管和正确使用各种防护器具和灭火器材。

（7）积极参加各种安全活动。

（8）有权拒绝违章作业的指令，对他人违章作业的要劝阻和制止。

10. 如何进行安全生产检查？

安全生产检查是安全生产责任制的一项重要内容。主要形式有定期安全检查，经常性安全检查，季节性及节假日前安全检查，综合性安全检查，不定期巡视安全检查等。进行安全检查首先要确定安全检查项目，检查路线及标准，并按项目、路线、标准进行检查。检查时要做到人员、时间，内容“三落实”，检查要有记录。安全生产检查一般包括以下内容：

（1）连续生产的单位重点检查交接班制度的执行情况。

（2）危险施工现场应确保配备安全监护人，并要认真履行职责，保留完整的安全监护记录。使用的设备、设施、工具、用具、容器等都应有专人保管，有安全检查责任牌，按时进行检查。

（3）所有设备、设施，工具、用具必须完好齐全；防护、保险、信号、仪表、报警等安全装置完好齐全，准确有效；所有场地的油气水管线、闸门无跑、漏、冒、滴现象，消防设施、器材、工具按要求配备，保管完好，定期进行检验维修，实行挂牌责任制。

（4）应设置安全标志的地方，按标准设置且标志完好清晰；电气、电路安装正确、完好；该使用防爆电气的地方，按要求使用；应安装防静电装置的地方，正确安装。

（5）生产场地平整、清洁，无危险建筑及设施；生产的成品、半成品，所用的材料、原料，所使用的工具、用具堆放、摆放符合安全要求；无生产中不需使用的易燃易爆及危险物品，如需要使用应有安全规定及防护措施；光线、照明要符合国家标

准，应装置安全防护设施的地方都按标准进行了安装。

（6）禁烟火的生产场所，无火源及烟蒂、火柴棒；动火作业按要求办理动火手续，并制定严格的防护措施；生产场所无生产中不许使用的电炉、煤（汽、柴）油炉和液化气炉，经过批准使用的要有安全规定，并按规定执行。

11. 什么是“三违”“四不放过”“三不伤害”？

（1）“三违”：是指违章指挥、违章作业和违反劳动纪律。据统计，目前70%以上的事故都是由于“三违”造成的，所以，必须杜绝“三违”以减少和预防事故的发生，保障劳动者的合法权益和生命安全。

（2）“四不放过”：发生事故后，对事故的处理要坚持“四不放过”，即事故原因分析不清楚不放过；事故责任者没有受到处理不放过，广大职工群众没有受到教育不放过；防范措施没有落实不放过。发生事故后，企业和职工应认真分析查找原因，及时整改，避免事故的再次发生。对事故责任者要追究责任，严肃处理；其他职工要从中吸取教训，加强安全意识，切忌抱着事故发生在别人身上，与己无关的态度。

（3）“三不伤害”：是指不伤害他人，不伤害自己，不被他人伤害。“三不伤害”的核心就是强化职工的安全生产责任制，做到自觉遵守操作规程和劳动纪律。

要杜绝“三违”现象，做到“四不放过”“三不伤害”，关键是要加强对职工的安全生产教育和培训。从业人员应当接受安全生产教育培训，努力掌握本职工作所需的安全生产知识，提高安全生产技能。

（1）要了解国家的政策、法律法规和企业安全生产责任制、规定及规程。使劳动者认识到违章指挥、违章作业、违反劳动纪律就是违法，逐步提高对知法、守法重要性的认识，自觉遵章守纪，抵制“三违”现象。

（2）要掌握劳动过程中的安全生产知识和技术技能，诸如生产工艺过程；各种设备、设施性能；作业的危险区域和安全技术；生产中使用的有毒有害原材料及可能发生的有毒有害物质的安全防护知识；事故现场急救自救方法措施；防护用品的正确使用；排除故障的技能和方法等。

（3）掌握科学管理知识和方法，使安全生产与生产管理融为一体，保障安全生产顺利进行。

12. 从业人员享有哪些安全生产基本权利？

为了保障劳动者在生产劳动过程中的安全和健康，《安全生产法》对生产经营单位做出严格的要求，也赋予劳动者在安全生产方面应享有的基本权利。

（1）劳动者有权了解所在作业场所和工作岗位存在哪些危险因素，以及可能发生哪些事故和伤害，如何防范和施救。

（2）劳动者有接受安全生产教育和培训的权利，以掌握本岗位所需的安全生产知识，提高安全生产技能和事故预防、处置能力。

（3）劳动者有权获得保障自身安全与健康的劳动条件和防护用品。

（4）劳动者有权对本单位安全管理工作提出自己的想法和建议。

（5）劳动者有权对本单位安全生产工作中存在的问题提出批评、检举、控告，单位不许进行打击报复。

（6）用人单位违章指挥和强令冒险作业时，劳动者有权拒绝。劳动者拒绝用人单位管理人员违章指挥，强令冒险作业的，不视为违反劳动合同。

（7）在发生直接危及自身安全的紧急情况时，劳动者有权

停止作业，或者采取相应的应急措施后撤离作业场所。

(8) 因生产安全事故受到伤害或患职业病时，劳动者除依法享有工伤保险待遇外，还可以依照民事法律的相关规定，向本单位提出赔偿要求。

为维护自身的生命安全和合法权利，广大农民工应多学一些安全生产方面的法律法规知识，了解自己的安全生产基本权利，一旦用人单位侵犯了你的权利，你就可以向当地劳动保障部门、安全生产监督管理部门、卫生健康部门举报。如果受到伤害，还可以通过法律途径向企业索赔，甚至追究他们的刑事责任。

13. 从业人员违反安全生产法律规章应承担哪些责任?

所有的单位和个人都拥有一定的权利，也必须尽一定的义务，承担一定的法律责任。所谓违法，就是主体的行为违反了法律规定的原则和内容。一切组织和个人凡是未做法律规定所必须做的事，或者做了法律所禁止的事，就是违法。凡是有违法行为的人，就要承担相应的法律责任，受到相应的法律制裁。

1) 生产经营单位违反安全生产法律规定应负的责任

(1) 用人单位的劳动安全设施和劳动卫生条件不符合国家规定或者未向劳动者提供必要的劳动防护用品和劳动保护措施的，必须改正。

(2) 违反安全生产规定发生安全事故，给劳动者造成损害的，应承担赔偿责任。

(3) 对事故隐患不采取措施或强令劳动者违章冒险作业，造成重大伤亡事故或其他严重后果的，对责任人要依法追究刑事责任。

(4) 生产经营单位主要负责人在发生重大生产安全事故时，不立即组织抢救或者在事故调查期间擅离职守或者逃匿的，给予

降职、撤职的处分，对逃匿的处15日以下拘役；构成犯罪的，依照刑法有关规定追究刑事责任。

(5) 有关人员在发生生产事故时不立即组织事故抢救的，迟报、漏报、谎报或者瞒报的，阻碍、干涉事故调查工作的，在事故调查中作伪证或者指使他人作伪证的，将对直接负责的主管人员和其他直接责任人员依法给予处分；构成犯罪的，依法追究刑事责任。

2）从业人员违反安全生产法律规定应负的责任

(1) 行政责任。按照安全生产法的规定，从业人员违反有关规章制度和操作规程的，应当按照以下几个方面进行处理：一是由生产经营单位给予批评教育。即由生产经营单位对该从业人员由于违反规章制度和规程的进行批评，同时对其进行有关安全生产方面知识的教育。二是依照有关规章制度给予处分。这里讲的规章制度主要是指企业依法制定的内部奖惩制度。具体处分方法由企业自行决定，企业对员工最大的处分权就是解除其劳动合同。

(2) 民事责任。民事责任是民事主体违反民法的规定，违反民事义务应承担的法律后果。民事责任主要有侵权民事责任、国家机关和法人侵权的民事责任、违反《劳动法》造成劳动者损害的责任、违反《产品质量法》的民事责任以及高度危险的作业造成他人损害的民事责任。

(3) 刑事责任。按照《安全生产法》规定，生产经营单位的从业人员不服从管理，违反安全规章制度或操作规程，造成重大事故，构成犯罪的，依照刑法有关规定追究刑事责任。这里讲的“构成犯罪”，主要是指构成《刑法》规定的重大责任事故的犯罪。具备的条件是：①从事人员在客观上实施了不服从管理，违反规章制度的行为；②造成了重大事故，按照《刑法》规定，工厂、矿山、林场、建筑企业或者其他企业、事业单位的职工，由于不服管理，违反规章制度，或者强令工人违章冒险作业，因

而发生重大伤亡事故或者造成其他严重后果的，处三年以下有期徒刑或者拘役；情节特别恶劣的，处三年以上七年以下有期徒刑。

14. 女职工享有哪些特殊劳动保护权利？

《安全生产法》等法律规定女职工除享有一般的劳动安全保护以外，还享有一些特殊的劳动保护权利。

（1）用人单位应当加强女职工劳动保护，采取措施改善女职工劳动安全卫生条件，对女职工进行劳动安全知识培训。

（2）用人单位应当遵守女职工禁忌从事的劳动范围的规定。用人单位应当将本单位属于女职工禁忌从事的劳动范围的岗位书面告知女职工。

（3）用人单位不许因女职工怀孕、生育、哺乳降低其工资、予以辞退、与其解除劳动或聘用合同。

（4）女职工在月经期，用人单位不许安排从事高处、低温、冷水和重体力强度的劳动。

（5）女职工在怀孕期，用人单位不许安排重体力劳动和有毒有害作业，不许安排加班加点；不能适应原劳动的，应当根据医疗机构的证明，予以减轻劳动量或者安排其他能够适应的工作；对怀孕7个月以上的女职工，用人单位不许延长劳动时间或者安排夜班劳动，并应当在劳动时间内安排一定的休息时间；怀孕女职工产前检查应当算作劳动时间，工资照发。

（6）女职工在产期，享有不少于98天的产假，其中产前可以休假15天；难产的，增加产假15天；生育多胞胎的，每多生育1个婴儿，增加产假15天；怀孕未满4个月流产的，享受15天产假；怀孕满4个月流产的，享受42天产假。

（7）产假期工资、福利待遇不变。女职工产假期间的生育津贴，对已经参加生育保险的，按照用人单位上年度职工月平均工资标准由生育保险基金支付；对未参加生育保险的，按照女职工产假前工资的标准由用人单位支付。女职工生育或者流产的医疗费用，按照生育保险规定的项目和标准，对已经参加生育保险的，由生育保险基金支付；对未参加生育保险的，由用人单位支付。

（8）女职工在哺乳期，用人单位不许安排从事重体力和有毒有害作业，不许安排加班，一般不安排夜班。单位应当在每天的劳动时间内为哺乳期女职工安排 1 小时哺乳时间；女职工生育多胎的，每多哺乳 1 个婴儿每天增加 1 个小时哺乳时间，单位不许以此为由扣发其工资。

（9）女职工比较多的用人单位应当根据女职工的需要，建设职工卫生室、孕妇休息室、哺乳室等设施，妥善解决女职工在生理卫生、哺乳方面的困难。

（10）在劳动场所，用人单位应当预防和制止女职工被性骚扰。

（11）用人单位违反有关规定，侵害女职工合法权益的，女职工可以依法投诉、举报、申诉，依法向劳动人事争议调解仲裁机构申请调解仲裁，对仲裁不服的，依法向人民法院提起诉讼。

15. 未成年工应享有哪些特殊劳动保护权利？

未成年工是指年满 16 周岁，未满 18 周岁的从业人员。按照国家法律规定，年满 16 周岁的未成年人可以参加工作。但他们毕竟不同于成年工，仍处在成长发育过程中，身心发育尚未完全成熟，需要社会为他们创造更好的劳动条件，获得比成年工更多的特殊劳动保护。

（1）用人单位应对未成年工进行健康检查，包括安排工作岗位之前；工作满一年；年满 18 周岁，距前一次的体检时间超过半年的。

（2）用人单位应根据未成年工的健康检查结果安排其从事适合的劳动，对不能胜任原劳动岗位的，应根据医务部门的证明，予以减轻劳动量或安排其他劳动。

（3）未成年工上岗前用人单位应对其进行有关的职业安全卫生教育、培训；未成年工体检，由用人单位统一办理和承担费用。

（4）未成年工不许从事下列工作：

① 不许从事矿山井下及矿山地面采石作业；

② 不许从事森林业中的伐木、流放及守林作业；

③ 不许在有易燃易爆、化学性烧伤和热烧伤等危险性大的场所作业；

④ 不许从事地质勘探和资源勘探等野外作业；

⑤ 不许从事连续负重每小时6次以上并每次超过20千克，间断负重每次超过25千克的作业；

⑥ 不许从事潜水、涵洞、涵道作业和海拔3000米以上的高原作业（不包括世居高原者）；

⑦ 不许从事使用凿炭机、捣固机、气镐、气铲、铆钉机、电锤等工种作业；

⑧ 不许在工作中需要长时间保持低头、弯腰、上举、下蹲等强迫体位和动作频率大于50次/分钟的流水线作业；

⑨ 不许安排未成年工做锅炉司炉。

16. 从业人员有哪些安全生产义务？

《安全生产法》在规定从业人员安全生产方面享有基本权利的同时，也赋予了其在安全生产方面的义务。

1）遵章守规、服从管理的义务

根据《安全生产法》和其他有关法律、法规的规定，生产经营单位必须制定本单位安全生产的规章制度和操作规程，这些规章制度和操作规程是保证生产经营单位安全生产的重要措施。这些规章制度都是总结了多种事故的教训写出来的，为了避免事故，从业人员必须严格遵守规章制度，切不可大意，更不能漠视。单位的负责人和管理人员有权依照规章制度和操作规程进行安全管理，监督检查从业人员遵章守规的情况。生产经营单位的从业人员不服从管理，违反安全生产规章制度和操作规章的，由生产经营单位给予批评教育，依照有关规章制度给予处分；造成重大事故，构成犯罪的，依照刑法有关规定追究刑事责任。

2）佩戴和使用劳动防护用品的义务

为保障人身安全，生产经营单位必须为从业人员提供必要的、安全的劳动防护用品，以避免或者减轻作业和事故中的人身伤害。由于一些农民工缺乏安全知识，认为佩戴或使用劳动防护用品没必要，往往不按规定佩戴或者不能正确佩戴和使用劳动防护用品，由此引发的人身伤害事故时有发生，造成不必要的伤亡。另外，有的农民工虽然佩戴和使用劳动防护用品，但由于不会或者没有正确使用而发生人身伤害的案例也很多。例如，有的将安全帽歪戴着，有的戴安全帽不系好帽带，结果使安全帽失去了保护作用。有的将工作服紧袖口改成平袖口，工作裤脚纽扣拆除等，这些都是发生事故的因素。可见，正确佩戴和使用劳动防护用品是农民工必须履行的法定义务，这是保障农民工人身安全和生产安全的需要。从业人员不履行这些义务而造成人身伤害的，单位不承担法律责任。

3）接受教育培训和掌握安全生产技能的义务

《安全生产法》规定，从业人员应当接受安全生产教育和培训，掌握本职工作所需的安全生产知识，提高安全生产技能，增强事故预防和应急处理能力。

不同企业、不同工作岗位和不同的生产设施、设备具有不同的安全技术特性和要求。从业人员的安全生产意识和安全技能的高低，直接关系到生产活动的安全可靠性。尤其是从事特种作业

的人员，他们的作业对操作者本人、他人和周围设备的安全存有重大危害因素，如起重机司机、电焊和电工、厂内机动车车辆驾驶员等，必须经过特种作业人员安全技术培训，考试合格后持证上岗。

因此，广大农民工要真正掌握生产技能，做到安全生产，必须做到以下几点：

（1）虚心认真学习。农民工进入生产岗位后，对工作岗位和工作环境都会感到新鲜，一定要认真学习和掌握生产知识和操作技能，切莫乱摸乱动，要在老师傅的指导下进行工作。

（2）不懂就问。学问学问不懂就问，知识是来不得半点虚假的，一定要谦虚诚实，有些难以理解和重要的地方，要请师傅讲解，千万不能自以为是。

（3）循序渐进。开始时不要一下子就去学习高难度的生产技艺，要先易后难，踏踏实实地逐步掌握。

（4）勤于实践。认真进行操作学习，要在老师傅的指导下进行实践，发现不恰当的地方及时进行纠正，这样就能逐步掌握，既学得快，也记得牢。

（5）反复练习。有些操作技能看起来很简单，好像一看就会，但真正做起来就不那么容易了，这就要反复练习，真正做到掌握为止。

4）发现事故隐患及时报告的义务

《安全生产法》规定，从业人员发现事故隐患或者其他不安全因素，应当立即向现场安全生产管理人员或本单位负责人报告；接到报告的人应当及时予以处理。从业人员直接在生产作业一线，他们是事故隐患和不安全因素的第一当事人。许多事故都是由于从业人员对事故隐患和不安全因素没有及时报告，以致延误了采取措施及时处理而发生的。如果从业人员尽职尽责，及时发现并报告事故隐患，许多事故就能得到有效处置，可以避免事故就可以避免发生或降低。所以，发现事故隐患并及时报告是加强事前防范的重要措施。

17. 为什么从业人员应当接受安全生产教育和培训?

安全生产教育和培训，是一项提高从业人员安全生产技术水平和防范事故能力而进行的教育和培训。不同企业、不同工作岗位和不同的安全特性，对安全生产提出了不同的要求。从业人员的安全生产意识和安全生产技能的高低，直接关系到生产经营单位的安全可靠性。《安全生产法》明确提出，从业人员应当接受安全生产教育和培训，掌握本职工作所需的安全生产知识，提高技能，增强事故预防和应急处理能力。

1）教育内容

（1）思想教育。目的是提高农民工的安全意识，自我保护意识，端正态度，做到安全生产“要我做”向“我要做”的转变。

（2）法规政策教育。开展安全生产普法教育，树立“生命至上、安全第一”理念，增强农民工的法制观念，做到学法、懂法、执法。

（3）安全生产技术教育。包括安全生产技术技能、职业健康卫生知识、作业技术操作规程等，不断提高农民工安全生产能力。

（4）典型事例教育。开展典型经验交流活动，促进互学互帮，从中找出差距，改进工作，预防或减少事故的发生。

2）教育形式

（1）“三级”教育。①入厂教育。是指新入厂农民工在被分配到车间或工作岗位之前进行的安全生产教育，主要是了解企业安全生产概况和企业内的特殊危险源，以及基本的安全技能知识等。②车间教育。是指车间对新分配到车间的农民工进行安全生产教育，了解车间的规章制度及车间内的危险源等。③班组教

育。是指班组长对新入职农民工在上岗前的教育，使其了解本班组的安全生产情况、工作性质和职责范围，以及容易发生事故的部位、个人防护用品的使用和保管等。

（2）经常性教育。结合本企业实际情况，开展安全活动日、“安康杯”知识竞赛、班前会、交流会、现场会、亲情交流等方式。

（3）开展班组安全生产系列活动。如：班前会宣誓安全口号、安全员巡视检查、安全工作月考核、组织安全生产法律知识竞赛等。

3）安全生产培训

有计划针对性地对农民工进行安全生产培训。按照《安全生产法》规定，生产经营单位对从业人员培训，教育时间全年不少于40学时，经过考试合格后，才能准许进入操作岗位。对于从事特种作业的从业人员必须经过专门的安全知识与安全操作技能培训，并经过考核，取得特种作业资格，方可上岗。从业人员在调整工作岗位或离开岗位一年以上重新上岗时，必须进行相应的教育培训。生产经营单位在实施新工艺、新技术或使用新设备、新材料时，必须对从业人员进行相应的有针对性的安全生产教育培训。

18. 违反劳动合同应承担哪些责任?

劳动合同一经订立，就具有法律约束力，用人单位和劳动者都应当全面履行各自的义务。用人单位履行劳动合同尤为重要。因为在订立劳动合同的双方中，用人单位相对于劳动者则通常处于强势地位。从劳动争议案件来看，多数也是由于用人单位违反劳动合同而引起的。

用人单位违反劳动合同或法律规定，应对劳动者承担以下责任：

（1）用人单位提供的劳动合同文本未载明法律规定的必备

条款，或未将劳动合同文本交付给劳动者，对劳动者造成损害的，应承担赔偿责任。

（2）用人单位违法与劳动者约定试用期已经履行的，应以劳动者试用期月工资为标准，按已经履行的超过法定试用期的期间，向劳动者支付赔偿金。

（3）由于用人单位原因订立的无效劳动合同，对劳动者造成损害的，应当承担赔偿责任。

（4）用人单位违法解除或终止劳动合同，如果劳动者要求继续履行劳动合同或劳动合同已不能继续履行，用人单位应按经济补偿标准的双倍向劳动者支付赔偿金。

劳动者违反劳动合同要承担以下责任：

（1）劳动者违反规定解除劳动合同，应承担赔偿责任。

（2）劳动者违反与用人单位订立的进行专业技术培训和服务期的协议，应按约定支付违约金。

（3）劳动者违反劳动合同中竞业限制的约定，须按约定支付违约金；由于违反竞业限制或保密约定给用人单位造成损失的，应当承担赔偿责任。

同时按照相关法律规定，劳动者解除劳动合同，应当提前30天以书面形式通知用人单位；如果劳动者违法解除劳动合同，给用人单位造成经济损失的，应当依法承担赔偿责任。

19. 生产作业中存在哪些不安全因素？

生产作业过程中存在的不安全因素主要有两种。

1）不安全行为

一般地说，凡是能够或可能导致事故发生的人为失误均属于不安全行为。概括起来有下列几种不安全行为：

（1）未经许可，开动、关停、移动机器；开动、关停机器时未给信号，开关未锁紧；忘记关闭设备；忽视警告标志、警告

信号；错误操作按钮，阀门、扳手、把柄等；奔跑作业，供料或送料速度过快；机械超速运转；违章驾驶机动车；酒后作业；人货混载；冲压机作业时，手伸进冲压模；工件固定不牢；用压缩空气吹铁屑。

（2）安全装置被拆除、堵塞，造成安全装置失效。

（3）临时使用无牢固的设施或无安全装置的设备。

（4）用手代替手动工具，用手清除切屑，不用夹具固定，用手拿工件进行加工。

（5）成品、半成品、材料、工具、切屑和生产用品等存放不当。

（6）冒险进入危险场所。

（7）攀、坐不安全位置。

（8）在起吊物下作业、停留。

（9）机器运转时从事加油、修理、检查、调整、焊接、清扫等工作。

（10）分散注意力行为。

（11）在必须使用个人防护用品用具的作业或场合中，未按规定使用。

（12）在有旋转零部件的设备作业穿肥大服装；操纵带有旋转零部件的设备时戴手套。

（13）对易燃易爆等危险物品处理错误。

2）不安全心理

（1）自我表现心理："虽然我进厂时间短，但我年轻、聪明，干这活不在话下……"

（2）经验心理："多少年一直是这样干的，干了多少遍了，能会有什么问题……"

（3）侥幸心理："完全照操作规程做太麻烦了，变通一下也不一定会出事吧……"

（4）从众心理："他们都没戴安全帽，我也不戴了"。

(5) 逆反心理："凭什么听班长的呀，今儿我就这么干，我就不信会出事……"

(6) 反常心理："早上孩子肚子疼，自己去了医院，也不知道什么病，真担心……"

20. 从业人员如何维护自己的安全生产权利?

1) 知情权与建议权

《安全生产法》明确规定，生产经营单位的从业人员有权了解其作业场所和工作岗位存在的危险因素、防范措施及事故应急措施，有权对本单位的安全生产工作提出建议。主要内容包括：①存在的危险因素；②防范措施；③事故应急措施。从业人员对于安全生产的知情权，是保护劳动者生命健康权的重要前提。如果从业人员知道并且掌握有关安全生产的知识和处理办法，就可以消除许多不安全因素和事故隐患，避免或者减少事故的发生。

从业人员对本单位的安全生产工作有建议权。安全生产工作涉及从业人员的生命安全和健康，从业人员有权参与本单位的民主管理，为本单位的安全生产工作献计献策。

2) 批评、检举、控告权

《安全生产法》提出，从业人员有权对本单位安全生产工作中存在的问题提出批评、检举、控告权。安全生产的批评权，是指从业人员对本单位安全生产工作存在的问题提出批评。这一权利有利于从业人员对生产经营单位进行监督，促使生产经营单位不断改进安全生产工作。安全生产的检举权、控告权，是指从业人员对本单位有关人员违反安全生产法律、法规的行为，有向主管部门和司法机关进行检举和控告的权利。检举可以署名，也可以不署名；可以用书面形式，也可以用口头形式。从业人员在行使这一权利时，一定要注意检举和控告的情况必须真实，实事求是。

3）拒绝违章指挥和强令冒险作业权

在生产中，有的企业负责人或管理人员违章指挥或强令从业人员冒险作业，由此导致事故，造成人员伤亡。《安全生产法》赋予从业人员拒绝违章指挥或强令冒险作业的权利，不仅是为了保护从业人员的人身安全，也是为了警示企业负责人和管理人员必须照章指挥，保证安全，不许因从业人员拒绝违章指挥或强令冒险作业而对其进行打击报复，降低工资、福利待遇或者解除与其劳动合同。

4）紧急情况下停止作业和紧急撤离权

由于企业的自然和人为的危险因素存在，可能会出现生产作业过程中发生一些意外的或者人为的安全事故，并对从业人员造成人身伤害。如果一旦发现将要发生事故的紧急情况，并且无法避免时。这时从业人员有权停止作业或者采取撤离作业场所。作业人员行使这项权利时，需要明确四点：

（1）危及从业人员人身安全的紧急情况必须有确实可靠的直接根据，凭借个人猜测或者误判不属于该权利范围，切忌该权利不能滥用。

（2）紧急情况必须直接危及人身安全，间接或者可能危及人身安全的情况不应撤离，而应采取有效处理措施。

（3）出现危及人身安全的紧急情况时，首先是停止作业，然后采取可能的应急措施；采取应急措施无效时，再撤离作业场所。

（4）该项权利不适用于某些从事特殊职业的从业人员，比如车辆驾驶人员等。

5）工伤保险赔偿权

《安全生产法》规定，因生产安全事故受到损害的作业人员，除依法享有工伤社会保险外，依照有关民事法律尚有获得赔偿权利的，有权向本单位提出赔偿要求。劳动者有权要求用人单位依法为其办理工伤保险。工伤保险费由企业按工资总额的一定比例缴纳。劳动者在生产经营活动中因为各种原因，发生意外伤害、职业病甚至造成死亡的，劳动者或其亲属有权从国家、社会得到必要的物质补偿。

6）休息和休假权

休息、休假是指劳动者在工作期间，依照法律、法规规定不从事生产和工作，而由个人自由支配的时间。休息、休假时间是相对于工作时间而言的，是劳动者的一项基本权利。

（1）国家实行劳动者每周工作时间不超过 40 小时的工作制度。对实行计件工作的劳动者，用人单位应合理确定其劳动定额和计件报酬标准。

（2）用人单位应当保证劳动者每周至少休息 1 日。企业因生产特点不能实行时，经劳动行政部门批准，可以实行其他休息办法。

（3）用人单位在元旦、春节、国际劳动节、国庆节和法律、法规规定的其他休假节日期间，应当依法安排劳动者休假。

（4）用人单位由于生产经营需要，经与工会和劳动者协商后可以延长工作时间，一般每日不许超过 1 小时；因特殊需要延长工作时间的，在保障劳动者身体健康的条件下延长工作时间每日不超过 3 小时，每月不超过 36 小时。

（5）安排劳动者延长工作时间的，应支付不低于工资的 150% 的工资报酬；休息日安排劳动者工作又不能安排补休的，支付不低于工资的 200% 工资报酬；法定休假日安排劳动者工作的，支付不低于工资的 300% 的工资报酬。

（6）劳动者连续工作 1 年以上的，享受带薪休假。

21. 如何认定工伤？

（1）提出工伤认定申请。从业人员受到事故伤害后，其所在生产经营单位应在事故发生之日起 30 日内，向统筹地区的劳

动保障行政部门提出工伤认定申请。遇有特殊情况，经报劳动保障行政部门同意，申请时限可适当延长。

（2）生产经营单位未在规定时限内提交工伤认定申请的，在此期间发生符合规定的工伤待遇等有关费用，由生产经营单位负担。

（3）生产经营单位未按规定提出工伤的，工伤从业人员或者工伤从业人员的直系亲属、工会组织在从业人员发生事故之日起一年内，可以直接向从业人员单位所在地统筹劳动保障行政部门提出工伤认定申请。

（4）申请工伤认定时应提交工伤认定申请表及相关材料，主要包括：

① 工伤认定申请表（包括事故发生的时间、地点、原因以及从业人员伤害程度等基本情况。

② 与生产经营单位存在劳动关系（包括事实劳动关系）的证明材料。

③ 医疗诊断证明或者职业病诊断证明书（或者职业病诊断鉴定书）。

工伤认定申请人提供材料不完整的，劳动保障行政部门应当一次性书面告知工伤认定申请人需要补交的全部材料。申请人按照书面告知要求补交材料后，劳动保障行政部门应当受理。

劳动保障行政部门应当自受理工伤认定申请之日起60日内作出工伤认定的决定，并书面通知申请工伤认定的从业人员或者其直系亲属和所在单位。

22. 什么情形可认定为工伤？

工伤是指在工作过程中因工作原因而受到的伤害。《工伤保险条例》规定，从业人员有下列情形之一的，应当认定为工伤：

（1）在工作时间或工作场所内，因工作原因受到事故伤害。

无论导致从业人员受伤的责任属于生产经营单位或者第三者或者本人，都应当认定为工伤。

（2）工作时间前后在工作场所内，从事与工作有关的预备性或者收尾性工作受到事故伤害的。

（3）在工作时间和工作场所内，因履行工作职责受到暴力等意外伤害的。

（4）患职业病的。按照《职业病防治法》规定，职业病是指从业人员在职业活动中，因接触粉尘、放射性物质和其他有毒、有害物质等因素引起的疾病。

（5）因在外出差期间，由于工作原因受到伤害或者发生事故下落不明的。

（6）在上下班途中，受到机动车事故伤害的。

（7）法律、法规规定应当认定为工伤的其他情形。

从业人员有下列情形之一的，视同工伤：

（1）在工作时间和工作岗位，突发疾病死亡或在 48 小时之内经抢救无效死亡的。

（2）在抢险救灾等维护国家利益、公共利益活动中受到伤害的。

（3）在军队服役，因战、因公负伤致残，已取得革命伤残军人证，到生产经营单位后旧伤复发的。

从业人员有下列情形不能认定为工伤或者视同工伤：

（1）因犯罪或者违反治安管理伤亡的。

（2）醉酒导致伤亡的。

（3）自残或者自杀的。

23. 如何鉴定工伤等级？

职工发生工伤，经治疗伤情相对稳定后存在残疾、影响劳动能力的，应当进行劳动能力鉴定。

1）劳动能力鉴定

劳动能力鉴定是指劳动功能障碍程度和生活自理障碍程度的等级鉴定。劳动功能障碍分为10个等级；最重的为一级，最轻的为十级。生活自理障碍分为三个等级：生活完全不能自理、生活大部分不能自理和生活部分不能自理。劳动能力鉴定标准由国务院劳动保障行政部门会同国务院卫生行政部门等单位制定。

劳动能力鉴定是由用人单位、工伤职工或者直系亲属向设区的市级劳动能力鉴定委员会提出申请，并提供工伤认定决定和职工工伤医疗的有关材料。设区的市级劳动能力鉴定委员会收到劳动能力鉴定申请之日起60日内作出劳动能力鉴定结论，必要时，作出劳动能力鉴定结论的期限可延长30日。劳动能力鉴定结论应当及时送达申请单位和个人。对鉴定结论不服的，可以在收到鉴定结论之日起15日内向省、自治区、直辖市劳动能力鉴定委员会上诉，鉴定委员会作出的劳动能力鉴定结论为最终结论。

劳动能力鉴定结论作出之日起一年后，工伤从业人员或其直系亲属，其所在生产经营单位或者经办机构认为伤残情况发生变化的，可以申请劳动能力复查鉴定。

2）工伤致残等级划分

从业人员工伤致残程度分级，根据器官缺损、功能障碍、医疗依赖、生活自理能力的程度等进行综合评定，并适当考虑一些特殊残情造成的心理障碍或生活质量损失，不能单纯依据任何一项作出判断。

工伤致残共划分为10个等级：

一级：器官缺失或功能完全丧失，其他器官不能代偿，存在特殊医疗依赖，生活完全或大部分不能自理。

二级：器官严重缺损或畸形，有严重功能障碍或并发症，存在特殊医疗依赖或生活大部分不能自理。

三级：器官严重缺损或畸形，有严重功能障碍或并发症，存在着特殊医疗依赖，或生活大部分不能自理。

四级：器官严重缺损或畸形，有较重功能障碍或并发症，存在着特殊医疗依赖，生活可以自理。

五级：器官大部分缺损或明显畸形，有较重功能障碍或并发症，存在着一般医疗依赖，生活能自理。

六级：器官大部分缺损或明显畸形，有中等功能障碍或并发症，存在着一般医疗依赖，生活能自理。

七级：器官大部分缺损或畸形，有轻度功能障碍或并发症，存在着一般医疗依赖，生活能自理。

八级：器官部分缺损，形态异常，轻度功能障碍，有医疗依赖，生活能自理。

九级：器官部分缺损，形态异常，轻度功能障碍，无医疗依赖，生活能自理。

十级：器官部分缺损，形态异常，无功能障碍，无医疗依赖，生活能自理。

24. 工伤农民工可以享受哪些工伤保险待遇？

农民工参加工作后，难免会受到职业伤害。国家建立工伤保险制度，就是为广大农民工建起了“职业安全网”。如果农民工参加了工伤保险，受了工伤，就可以受到不等的待遇。工伤保险由生产经营单位缴费，农民工个人不缴费。

1）工伤医疗期间待遇

工伤医疗期，即指农民工因工伤或者患职业病而停工治疗并领取工伤津贴的期限。依照《工伤保险条例》规定，按照轻伤和重伤的不同情况确定为依据 24 个月，严重工伤和职业病需要延长，最长不超过 36 个月。医疗期长短由指定治疗工伤医院和医疗机构提出意见，经劳动保障行政部门鉴定委员会确认并通知生产经营单位和工伤个人。工伤医疗期满后仍需治疗的，继续享受工伤医疗期待遇。

工伤医疗期保险待遇包括两个部分：

（1）医疗待遇。农民工治疗工伤应当在签订服务协议的医疗机构就医，情况紧急时可以先到就近的医疗机构急救。治疗工伤所需费用符合工伤保险诊疗项目目录、工伤保险药品目录、工伤保险住院服务标准的，从工伤保险基金支付。农民工住院治疗工伤的，由所在单位按照本单位因公出差伙食补助标准的70%发给住院伙食补助费；经医疗机构出具证明，报经办机构同意，工伤农民工到统筹地区以外就医的，所需交通、住宿费用由所在单位按照本单位职工因公出差标准报销。工伤农民工到签订服务协议的医疗机构进行康复性治疗的费用，符合有关规定的，从工伤保险基金支付。主要包括：治疗工伤和职业病所需的挂号费、住院费、医疗费、药费、就医路费等。需住院治疗的，按照当地因公出差伙食补助标准的2/3发给住院伙食补助费；经批准转外地治疗的，所需交通、住宿费用按照本单位职工因公出差标准报销。如果同时治疗非工伤范围的疾病，其医疗费用按照医疗保险的规定执行。工伤农民工因日常生活或者就业需要，经劳动能力鉴定委员会确认，可以安装假肢、矫形器、假眼、假牙和配置轮椅等辅助器具，所需费用按照国家规定的标准从工伤保险基金支付。

（2）停工留薪待遇。农民工因工作遭受事故伤害或者职业病而暂停工作接受工伤治疗的，在停工留薪期内，原工资福利待遇不变，由所在单位按月支付。停工留薪期一般不超过12个月。伤情严重者或者情况特殊，经设区的市级劳动能力鉴定委员会确认，可以适当延长，但延长不许超过12个月。生活不能自理的工伤农民工在停工留薪期需要护理的，由所在单位负责。

2）工伤致残待遇

农民工因致残被鉴定为一致四级伤残的，可保留劳动关系，退出工作岗位，并享受以下待遇：

（1）从工伤保险基金按伤残等级支付一次性伤残补助金。

标准为：一级伤残为24个月的本人工资；二级伤残为22个月的本人工资；三级伤残为20个月的本人工资；四级伤残为18个月的本人工资。

（2）从工伤保险基金按伤残登记支付伤残津贴。标准为：一级伤残为本人工资的90%；二级伤残为本人工资的85%；三级伤残为本人工资的80%；四级伤残为本人工资的75%。伤残津贴实际金额低于当地最低工资标准的，由工伤保险基金补足差额。

（3）工伤农民工达到退休年龄并办理退休手续后，停发伤残津贴，享受基本养老保险待遇。基本养老保险待遇低于伤残津贴的，由工伤保险基金补足差额。

从业人员因工致残被鉴定为五级、六级伤残的，可享受以下待遇：

（1）从工伤保险基金按伤残等级支付一次性伤残补助金。标准为：五级伤残为16个月的本人工资；六级伤残为14个月的本人工资。

（2）保留与生产经营单位的劳动关系，由生产经营单位安排适当工作。难以安排工作的，由生产经营单位按月发给伤残津贴。标准为：五级伤残为本人工资的70%；六级伤残为本人工资的60%，并由生产经营单位按照规定为其缴纳应缴纳的各项社会保险。伤残津贴实际金额低于当地最低工资标准的，由生产经营单位补足差额。经工伤农民工本人提出，其可以与生产经营单位解除或者解除劳动关系，由生产经营单位支付一次性工伤医疗补助和伤残就业补助金。具体标准由省、自治区、直辖市人民政府规定。

农民工因工致残被鉴定为七级至十级伤残的，可享受以下待遇：

（1）从工伤保险基金按伤残等级支付一次性伤残补助金，七级伤残为12个月的本人工资；八级伤残为10个月的本人工

资；九级伤残为8个月的本人工资；十级伤残为6个月的本人工资。

（2）劳动合同期满终止，或者农民工本人提出解除劳动合同的，由生产经营单位支付一次性工伤医疗补助金和伤残就业补助金。具体标准由省、自治区、直辖市人民政府规定。

3）因工死亡待遇

农民工因工死亡，其直系亲属按照下列规定从工伤保险基金领取丧葬补助金、供养亲属抚恤金和一次性工亡补助金。

（1）丧葬补助金为6个月统筹地区上年度农民工月平均工资。

（2）供养亲属抚恤金按照农民工本人工资的一定比例发给由因工死亡农民工生前提供主要生活来源、无劳动能力的亲属。标准为：配偶每月为40%，其他亲属每人每月30%，孤寡老人或者孤儿每人每月在上述标准的基础上增加10%。核定的个人供养亲属的抚恤金之和不应高于因工死亡农民工生前的工资。供养亲属的具体范围由劳动保障行政部门规定。

（3）一次性工亡补助标准为48个月至60个月统筹地区上年度农民工月平均工资。具体标准由统筹地区的人民政府根据当地经济社会发展状况规定，报省、自治区、直辖市人民政府备案。

25. 我国法定的职业病有哪些种类？

职业病是指当职业危害对于人体的强度与时间超过一定限度，人体出现某些功能性或器质性的病理改变，并出现相应的临床症状，影响劳动能力。按照《职业病防治法》中的规定，必须具备4个条件：①患病主体是企业、事业单位或个体经济组织的劳动者；②必须是在从事职业活动的过程中产生的；③必须是因接触粉尘、放射性物质和其他有毒、有害物质等职业病危害因素引起的；④必须是国家公布的职业病分类和目录所列的职业病。四个条件缺一不可。按照《职业病分类和目录》规定，我国的职业病有十大类132种。

（1）职业性尘肺病及其他呼吸系统疾病（如矽肺、煤工尘肺等，共计19种）。

（2）职业性皮肤病（如接触性皮炎、电光性皮炎等，计9种）。

（3）职业性眼病（如化学性眼部灼伤、白内障等，计3种）。

（4）职业性耳鼻喉、口腔疾病（如噪声聋、铬鼻病等，计4种）。

（5）职业性化学中毒（如化合物中毒、锰及其化合物中毒等，计60种）。

（6）物理因素所致职业病（如中暑、高原病等，计7种）。

（7）职业性放射性疾病（如外照射急性放射病、放射性肿瘤等，计11种）。

（8）职业性传染病（如炭疽、森林脑炎等，计5种）。

（9）职业性肿瘤（如石棉所致肺癌、苯所致白血病等，计11种）。

（10）其他职业病（如金属烟热、井下工人滑囊炎等，计3种）。

26. 尘肺病患者如何获得职业病待遇?

农民工一旦被诊断、鉴定为尘肺病，所在单位应当自诊断、鉴定为职业病之日起30日内，向统筹地区劳动保障行政部门提出工伤认定申请。遇有特殊情况，经报劳动保障行政部门同意，申请时限可以适当延长。用人单位未按规定提出工伤认定申请的，患病农民工或者其直系亲属、工会组织，在农民工被诊断、鉴定

为职业病之日起1年内，可以直接向用人单位所在地统筹地区劳动保障行政部门提出工伤认定申请。用人单位未在规定的时限内提交工伤认定申请，在此期间发生符合规定的工伤待遇等有关费用由该用人单位负担。

农民工患尘肺病后，一般在参保地进行工伤认定、劳动能力鉴定，并按参保地的规定，依法享受工伤保险待遇。用人单位在注册地和生产经营地均未参加工伤保险的，农民工患尘肺病后，在生产经营地进行工伤认定、劳动能力鉴定，并按生产经营地的规定依法由用人单位支付工伤保险待遇。

（1）尘肺病农民工依法享有国家规定的职业病待遇。用人单位应当按照国家有关规定，安排尘肺病农民工进行治疗、康复和定期检查。用人单位对已确诊的尘肺病农民工，应当调离接触粉尘作业岗位，并妥善安置。农民工被诊断患有尘肺病，但用人单位没有依法参加工伤社会保险的，其医疗和生活保障由最后的用人单位承担；最后的用人单位有证据证明该尘肺病是先前用人单位的职业病危害造成的，由先前的用人单位承担。

（2）用人单位应当及时安排对“观察对象”进行诊断，在其进行诊断或医学观察期间，不许解除或者终止与其订立的劳动合同。诊断或医学观察期间的费用，由用人单位承担。

（3）尘肺病农民工的诊疗、康复费用，伤残以及丧失劳动能力的尘肺病农民工的社会保障，按照国家有关工伤社会保险的规定执行。

（4）尘肺病农民工变动工作单位，其依法享有的待遇不变。用人单位发生分立、合并、解散、破产等情形的，应当对从事接触粉尘危害作业的农民工进行健康检查，并按照国家有关规定妥善安置尘肺病农民工。

（5）尘肺病农民工除依法享有工伤社会保险外，依照有关民事法律，尚有获得赔偿的权利的，有权向用人单位提出赔偿要求。

27. 用人单位在尘肺病防治工作中应承担哪些责任?

按照有关国家法律法规对用人单位的职业病防治责任规定，其对尘肺病防治工作负全面责任，法人代表为第一责任人，依法承担尘肺病防治责任。

（1）为农民工提供健康保障。用人单位应采取生产性粉尘治理措施，采用有效的防尘防护设施，为农民工提供符合国家卫生标准的工作场所和作业环境，为其提供个人防护用品。

（2）加强职业卫生管理。负责对本单位的尘肺病防治工作管理，定期进行工作场所粉尘危害检测和评价；对从事粉尘作业的农民工进行健康监护，建立职业健康监护档案；按照国家规定组织农民工上岗前、在岗期间和离岗时的职业健康检查并承担相关费用，并将检查结果如实告知农民工。

（3）参加工伤社会保险。用人单位应当依法参加工伤社会保险，为农民工交纳工伤保险费用。

（4）粉尘危害申报和报告。用人单位应当及时、如实向卫生行政部门申报粉尘危害项目和粉尘危害检测、评价结果。

（5）履行职业危害告知和培训教育义务。用人单位应对农民工进行上岗前、在岗期间的职业卫生培训和教育，并通过劳动合同、设置公告栏、警示标识和提供说明书等方式，告知农民工作业场所可能产生的危害因素及其对健康的影响，不许隐瞒其危害。

（6）落实尘肺病患者待遇。农民工被确诊患有尘肺病后，其所在单位应根据职业病诊断机构的意见安排其进行治疗、疗养和定期检查。对已确诊的尘肺病农民工，应当调离粉尘作业岗位，并妥善安置。

（7）保护特殊劳动者。用人单位不许安排未成年农民工从

事接触粉尘危害因素的作业，不许安排孕妇、哺乳期女农民工从事对本人和胎儿、婴儿有害的作业。

（8）提供证据。农民工申请做尘肺病鉴定时，用人单位应当及时、如实提供尘肺病诊断所需的有关职业卫生和健康监护等资料。

第二章　用电作业安全常识

电，是一种清洁方便的能源，它的广泛应用有力地推动了人类社会的发展和进步，给人类创造了巨大的财富，改善了人们的生活。可以说，我们每一个人无时无地不与电打交道。但是如果在生产和生活中不注意安全用电，也会带来灾害。例如，触电可以造成人身伤亡；设备漏电产生的电火花可能酿成火灾、爆炸；高频用电可能产生电磁污染等。因此，为避免用电作业引发安全事故，广大农民工朋友必须掌握用电基本安全常识。

1. 用电作业需要掌握哪些安全常识?

（1）电气作业属特种作业，从业人员必须经培训合格，持证上岗。

（2）车间内的电气设备，不得随意乱动。如电气设备出了故障，应请电工修理，不得擅自拆卸，更不要带故障运行。

（3）经常接触和使用的配电箱、配电板、闸刀开关、按钮、插座、插销以及导线等，必须保持完好、安全，不得有破损或使带电部分裸露。

（4）在操作闸刀开关、电磁启动器时，必须将盖盖好。

（5）电气设备的外壳应按有关安全规程进行防护性接地或接零。

（6）使用手电钻、电砂轮等手用电动工具时，必须安设漏电保护器，同时工具的金属外壳应防护接地或接零；操作时应戴好绝缘手套和站在绝缘板上；不得将重物压在导线上，以防止轧破导线发生触电。

(7) 使用的行灯要有良好的绝缘手柄和金属护罩。

(8) 在进行电气作业时，要严格遵守安全操作规程，遇到不清楚或不懂的事情，切不可不懂装懂，盲目乱动。

(9) 尽可能应禁止使用临时线。必须使用时，应经过安全部门批准，并采取安全防范措施，要按规定时间拆除。

(10) 在容易产生静电火灾、爆炸事故的操作时（如使用汽油洗涤零件、擦拭金属板材等）必须有良好的接地装置，及时消除聚集的静电。

(11) 移动非固定安装的电气设备，如电风扇、照明灯、电焊机等，必须先切断电源。

(12) 在雷雨天，不可走进高压电杆、铁塔、避雷针的接地导线 20 米以内，以免发生跨步电压触电。

(13) 发生电生火灾时，应立即切断电源，用黄沙、二氧化碳等灭火器材灭火，切不可用水或泡沫灭火器灭火，以免发生导电的危险。

2. 用电作业经常会出现哪些事故?

电气事故是由外部能量作用于人体或电气系统内能量传达而发生的故障，从而导致人体伤害。电气事故可分为触电事故、静电事故、雷电灾害、射频辐射危害、电路故障等 5 类。

1）触电事故

触电事故是由电流的能量造成的。电流对人体的伤害分为电击和电伤。电击是指电流对人体内部组织的伤害，是最危险的一种伤害，绝大数（大约 85% 以上）的触电伤亡事故都会有电击的成分。电伤是指电流的热效应、化学效应、机械效应等对人造成的伤害。

2）静电事故

静电事故指生产过程中和作业人员操作过程中，由于某些材料的相对运动、接触与分离等原因而积累起来的相对静止的正电荷和负电荷。这些电荷周围的场所中储存的能量不大，不会直接使人致命。但是静电电压可能达到数万乃至数十万伏，造成现场放电，产生静电火花，从而导致火灾和爆炸事故发生。

3）雷电灾害

雷电是大气电，是由大自然的能量分离和积累的电荷，在局部范围内暂时失去平衡的正电荷和负电荷而造成的灾害。

4）射频辐射危害

射频辐射危害即电磁场危害。人体在高频电磁场作用下吸收辐射能量，使人的中枢神经系统、心血管系统等器官受到不同程度的伤害。

5）电路故障

电路故障是由电能传递、分配、转换推动控制造成的。断线、短路、接地、漏电、误合闸、电气设备或电器元件损坏等都属于电路故障。电气线路或电器故障可能会造成事故或影响到人体的安全。

3. 什么是用电安全标志？

用电安全标志是为了保证生产、生活中用电安全制定的标志。《安全标志及其使用导则》(GB 2894—2008）中规定，安全标志由安全色、几何图形和图形复合构成，用以表达特定的安全信息。

1）安全标志

安全标志分为禁止标志、警告标志、指令标志和提示标志等六大类型。

（1）禁止标志。禁止标志是禁止作业人员不安全行为的图形标志。禁止标志的基本形式是带斜杠的圆边框。如禁止吸烟、

禁止跳下、禁止启动、禁止烟火等。

（2）警告标志。警告标志是提醒人们对周围环境引起注意，以避免可能发生危险的图形标志。警告标志的基本形式是正三角形边框。如当心电缆、当心火灾、当心触电、当心辐射、当心机械伤人等。

（3）指令标志。指令标志是强制人们必须做出某种动作或采用防范措施的图形标志。指令标志的基本形式是圆形边框。如必须戴防护眼镜、必须戴防尘口罩、必须戴安全帽、必须穿防护鞋、必须戴防护手套、必须系安全带、必须穿防护服、必须加锁等。

（4）提示标志。提示标志是向人们提供某种信息（如标明安全设施或场所）的图形标志。提示标志的基本形式是正方形边框，提示标志提示目标位置时还要加方向辅助标志。如按实际需要指示左向或下向时，辅助标志应放在图形标志的左方；指示右向时，则应放在图形标志的右方。

（5）文字辅助标志。文字辅助标志有横写和竖写两种形式。横写时，文字辅助标志写在标志的下方，可以和标志连在一起，也可以分开。竖写时，文字辅助标志写在标志杆的上部。

（6）颜色标志。所用的颜色应符合 GB 2893—2008 规定的颜色。

2）用电安全标志

（1）禁止合闸。设置在设备或线路检修时，相应的开关附近。

（2）禁止靠近。设置在高压试验区、高压线、输电设备等不允许靠近的区域附近。

（3）禁止入内。设置在触电危险区的入口处。

（4）禁止穿带钉鞋。设置在带电作业场所附近。

（5）注意安全。设置在有触电危险工作区域的醒目处。

（6）当心触电。设置在有可能发生触电危险的电气设备和线路附近。如配电室、开关、高压线附近。

(7) 必须戴防护手套。设置在容易触电场所内外和设备设施上。

(8) 必须穿防护鞋。设置在容易发生触电危险的场所内外。

(9) 必须加锁。设置在变、配电室附近。

4. 什么是用电安全色?

用电安全色是表达用电安全信息含义的颜色，通常用以表示禁止、警告、指令、提示等。为了引人注目，安全色常采用较鲜艳的颜色，并衬以对比色，使之更加醒目。

《安全色》(GB 2893—2008) 规定了传递安全信息的颜色和安全色的测试方法及使用方法。该标准适用于公共场所、生产经营单位和交通运输、建筑、仓储等行业以及消防等领域所使用的信号和标志的表面色。图标规定了红、蓝、黄、绿四种颜色，其含义和用途见表 2－1。

表2－1 安全色的含义

颜色	颜色含义	
红	危险/禁止	紧急
黄	警告	异常
绿	安全	正常
蓝	执行	强制性

对比色分为黑白两种颜色，如安全色需要使用对比色时，应按表 2－2 的规定使用。

表2-2 对 比 色

安全色	相应的对比色
红色	白色
蓝色	白色
黄色	黑色
绿色	白色

5. 用电作业应做好哪些安全检查？

电气安全检查一般每季度进行一次，发现问题及时解决，特别要注意雨季前和雨季中的安全检查。

1）电气安全检查的内容

（1）检查电气设备绝缘有无损坏、绝缘电阻是否合格、设备裸露带电部分是否有防护设施。

（2）保护接零或保护接地是否正确、可靠，保护装置是否符合要求。

（3）手提灯和局部照明灯电压是否是安全电压或是否采取了其他安全措施。

（4）安全用具和电气灭火器材是否齐全。

（5）电气设备安装是否合格、安装位置是否合理。

（6）制度是否健全。

（7）对变压器等重要电气是否坚持巡视，并做好记录。

（8）对新安装设备，特别是自制设备的验收必须坚持原则，一丝不苟。

（9）对使用的电气设备，应定期测定其绝缘电阻。

（10）对各种接地装置，应定期测定其接地电阻。

（11）对安全用具、避雷器、变压器及其他保护电器，应定期检查测定或进行耐压试验。

2）建立检查记录档案

（1）建立高压系统图、低压布线图、架空线路和电缆线路布置图及其图纸、说明、记录资料。

（2）对重要设备应单独建立记录档案资料，如技术规格、出厂试验记录、安装试车记录等。

（3）做好检修和记录资料保存，以便查对。

（4）设备事故和人身事故的记录及资料要妥善保存。

6. 哪些用电作业属于不安全行为?

用电不安全行为是指在生产中容易造成安全事故的行为。主要包括：

（1）操作机械，移动物体，方法不正确。如开动冲床时，将手伸入危险区域，直接在冲模上拿取或装卸零件。

（2）物体支撑物不坚固牢靠。

（3）进入操作危险区域。如靠近正在运转的机器；起重机工作时，在作业区域，如起重臂、吊钩和被吊物下面站立、工作或通过等。

（4）对正在运转的机械装置进行清扫、加油、移动或修理等。

（5）在无安全信号和许可的情况下，突然开动机械或移动车辆、物件。

（6）使用有缺陷的电动工具、吊索具、机械装置。如使用老化锈蚀的钢丝绳，出现裂纹的吊钩，磨损严重的滑轮等。

（7）在机械运转状态下，擅自离开，将机械、材料、物件置于不安全的状态下或场所中。

（8）私自拆除机械安全装置，使安全装置失效。

（9）从事非本人所从事的工作，如电工、焊接、吊运、车辆、电梯、搭脚手架等危险性较大的特种作业。

（10）登上运转中的机械，跳上、跳下正在运行中的车辆，用手代替规定的工具作业。

（11）不穿戴规定的劳动防护用品，或劳动防护用品不符合安全要求。

7. 临时用电作业需注意哪些安全措施？

临时用电必须严格执行《施工现场临时用电安全技术规范》，施工完毕必须拆除；现场安装、维修或拆除临时用电工程，必须由专职电工完成；作业人员要听从电工安排，出现问题由电工处理。

临时用电由于临时性强，在使用过程中往往容易疏忽它的安全隐患，造成事故。为避免事故发生，在临时用电时必须采用以下安全措施：

（1）电气设备和线路必须绝缘良好，接头不准裸露。当发现接头裸露或破皮漏电时，应立即报告，不能擅自处理，以免发生触电事故。

（2）使用橡皮电线要注意安全。

① 施工现场临时用电采用橡皮线时，应架空敷设，不准拖地作业，以防人踩、车轧。有水作业时，如磨石机在工作时，电源电缆应用钢索架起，防止浸水造成事故。

② 电缆接头必须按《施工现场临时用电安全技术规范》规定操作，包扎严密、牢固、绝缘可靠。

（3）遇有高压线路时要特别注意防范。

① 高压线下方不能搭建临时建筑物，不准堆放材料和进行施工作业。

② 在高压线一侧作业时，必须保持 6 米以上的水平距离。达不到要求时，必须采取隔离防护措施，防止作业人员作业时金属料具碰触高压线路，造成触电。

③ 用电设备要按“机－闸－漏－箱”的要求配置开关箱。

④ 施工现场的每台用电设备都应配有自己专用的开关箱，箱内闸刀（开关）及漏电保护器只能控制一台设备，不能同时控制两台或两台以上的设备，以免发生误操作事件。

8. 电气线路需要采取哪些安全措施？

（1）施工现场电气线路需要全部采用“三相五线制”（TN－S系统）专用保护接零（PE线）系统供电。

（2）施工现场架空线采用绝缘钢线。

（3）架空线设在专用电杆上，严禁架设在树木、脚手架上。

（4）导线与地面保持足够的安全距离。导线与地面最小垂直距离：施工现场应不小于4米；机动车道应不小于6米；铁路轨道应不小于7.5米。

（5）若无法保证规定的电气安全距离，必须采取防护措施。由于在建工程限制而无法保证规定的电气安全距离，必须采取设置防护遮拦、栅栏、悬挂警告标志牌等防护措施。如发生高压线断线落地时，非检修人员要远离落地10米以外，以防跨步电压危害。

（6）为了防止设备外壳带电发生触电事故，设备应采用保护接零，并安装漏电保护器等措施。作业人员要经常检查保护零线连接是否牢固可靠，漏电保护器是否有效。

（7）在电箱等用电危险地方，挂设安全警示牌。如“有电危险”“禁止合闸，有人工作”等。

9. 照明用电需要注意哪些安全措施？

（1）临时照明线路必须使用绝缘导线。户内（工棚）临时线路的导线必须安装在离地2米以上的支架上；户线临时线路必

须安装在离地 2.5 米以上的支架上，零星照明线不允许使用花线，一般应使用软电缆线。

（2）建设工程的照明灯具宜采用拉线开关。拉线开关距离地面高度为 2 ~3 米，与出、入口的水平距离为 0.15 ~0.2 米。

（3）严禁在床头设立开关和插座。

（4）电气、灯具的相线必须经过开关控制，不得将相线直接引入灯具，也不允许以电气插头代替开关来分合电路，室外灯具距地面高度不得低于 3 米；室内灯具不得低于 2.4 米。

（5）使用手持照明灯具（行灯）应符合规定的要求。

① 电源电压不超过 36 伏。

② 灯体与手柄应坚固，绝缘良好，并耐热防潮湿。

③ 灯头与灯体结合牢固。

④ 灯泡外部安有金属保护网。

⑤ 金属网、反光罩、悬吊挂钩应固定在灯具的绝缘部位上。

（6）照明系统中每一单线回路上，灯具和插座数量不宜超过 25 个，并应装设熔断电流为 15 安培以下的熔断保护器。

10. 使用配电箱与开关箱时需要注意哪些安全措施?

施工现场临时用电一般采用三线配电方式，即总配电箱（或配电室）、分配电箱、开关箱，开关箱以下就是用电设备。

配电箱和开关箱的使用安全有以下要求：

（1）配电箱、开关箱的箱体材料，一般应选用钢板，亦可选用绝缘板，但不宜选用木质材料。

（2）配电箱、开关箱应安装端正、牢固，不得倒置、歪斜。固定式配电箱、开关箱的下底与地面垂直距离应大于或等于 1.3 米，小于或等于 1.5 米；移动式分配电箱、开关箱的下底与地面的垂直距离应大于或等于 0.6 米，小于或等于 1.5 米。

(3) 进入开关箱的电源线，严禁用插销连接。

(4) 电箱之间的距离不宜太远。分配电箱与开关箱的距离不能超过30米。开关箱与固定式用电设备和水平距离不宜超过3米。

(5) 施工现场每台用电设备应有各自专用的开关箱，且必须满足“一机、一闸、一漏、一箱”的要求，严禁用同一个开关电器直接控制两台及两台以上用电设备（含插座）。开关箱中必须设漏电保护器，其额定漏电动作电流应不大于30毫安，漏电动作时间应不大于0.1秒。

(6) 在停、送电时，配电箱、开关箱之间应遵守合理的操作顺序。

送电操作顺序：总配电箱——→分配电箱——→开关箱。

断电操作顺序：开关箱——→分配电箱——→总配电箱。

正常情况下，停电时首先分断自动开关，然后分断隔离开关；送电时先合隔离开关，后合自动开关。

(7) 使用配电箱、开关箱时，操作者应接受岗前培训，熟悉所使用设备的电气性能和掌握有关开关的正确操作方法。

(8) 及时检查、维修，更换熔断器的熔丝，必须用原规格的熔丝，严禁用铜线、铁线代替。

(9) 配电箱、开关箱的接线应由电工操作，非电工人员不得乱接。

(10) 维修机器停电作业时，要与电源负责人联系停电，要悬挂警示标志，卸下保险丝，锁上开关箱。

(11) 所有配电箱门应配锁，不得在配电箱或开关箱内挂接或插接其他临时用设备，开关箱内严禁设置杂物。

(12) 配电箱的工作环境应经常保持设置时的要求，不能在其周围堆放任何杂物，保持必要的操作空间和通道。

11. 为什么要在电气设备上设置标志?

（1）厂矿企业的电气设备一般都很复杂，若没有一个统一明确的标志和统一编号，难以识别和不便管理。

（2）在企业规程和操作制度不完备的条件下，若电气设备上没有鲜明的标志，在操作和维护检修时容易发生差错。

（3）用电话指挥或联系操作时，由于发令人和收令人的口音不同，加上电话容易失真，如果仅用一个编号，在发、收操作令时往往听错电气设备的编号。

电气设备上有了标志，就可以提醒作业人员时刻注意遵守电气技术的各项规定，并帮助他们迅速清楚地判别情况。因此，在电气设备上设标志，是保护安全生产、防止发生人身伤亡事故的一项重要的提示性安全技术措施。

12. 怎样预防静电危害?

当两种不同性质的物体相互摩擦或解除时，由于它们对电子的吸引力大小各不相同，便发生电子转移，从而使一个物体失去一部分电子而带正电荷，而另一物体带负电荷。如果该物体与大地绝缘，则使电荷无法泄漏，从而在物体内部或表面呈现相对静状态，这种电荷就称为静电。

静电的电位一般是较高的，所以人体在穿脱衣服时可能产生1万多伏的电压，但其总能量较小，在生产和生活中产生的静电可能使人触电，虽然不会直接危及人的生命，但会对安全生产造成很大的危害。

1）静电造成的危害

（1）发生起火和爆炸事故。

（2）伤害人体。

（3）影响生产和财产损失。

2）防止静电危害的主要措施

（1）减少摩擦起电。根据生产工艺和物料的特点采取相应措施，如降低物料流动速度，在带电序列中选用位置相近的物料，穿戴防静电鞋、手套和工作服，在重要部位装设自动静电监测器等。

（2）接地漏电。接地是消除导体静电的最简单有效的方法，但不能消除绝缘体上的静电。

（3）添加抗静电剂。对某些绝缘材料，可在生产或使用过程中加极少量的添加剂，以降低其绝缘程度而不影响作用性能，这样静电就不容易积累起来。

（4）增加空气湿度。当空气湿度在65%～70%以上时，物体表面往往会形成一层微薄的水膜。水膜能溶解空气中的二氧化碳，使表面电阻率大大降低，静电就不容易积累。

（5）空气电离法。利用静电消除器来电离空气中的氧原子、氢原子，使空气变成导体，就能有效地消除物体表面的静电荷。

13. 如何预防雷电事故?

雷电是大气中自然放电的一种现象。这种放电，有时是发生在云层与云层之间，有时出现在云层与大地之间。后一种放电经过的建筑物、电气设备、人等物体时，将会遭到破坏和伤亡，这就是雷击。建筑物除了受雷击以外，其金属部分由于静电感应和电磁感应等原因，还可以使它们感应带电，使电位升高，以至于金属导体之间产生火花放电，引起爆炸、火灾或使人触电身亡。这种现象叫做感应雷击放电。另外，由雷电的电磁作用产生的电高压沿电路引入房屋，可能击穿电气设备，或直接造成人身伤亡。

防止雷电危害主要有避雷针、避雷器、消雷器等。

14. 使用手持电动工具时有哪些安全要求？

（1）一般场所应选用Ⅰ类手持式电动工具，并应装设额定漏电动作电流不大于15毫安，额定漏电动作时间小于0.1秒的漏电保护器。在露天、潮湿场所或金属构架上操作时，必须选用Ⅱ类手持电动工具，并装设漏电保护器，严禁使用Ⅰ类手持电动式电动工具。

（2）负荷线必须采用耐用型的橡皮护套铜芯软电缆。单相用三芯（其中一芯为保护零线）电缆；三相用四芯（其中一芯为保护零线）电缆；电缆不得有破损或老化现象，中间不得有接头。

（3）手持电动工具应配备装有专用的电源开关和漏电保护器的开关箱，严禁一台开关箱接两台以上设备，其电源开关应采用双刀控制。

（4）手持电动工具开关箱内应当采用插座连接，其插头、插座应无损坏、无裂纹，且绝缘良好。

（5）使用手持电动工具前，必须检查外壳、手柄、负荷线、插头等是否完好无损，接线是否正确（防止相线与零线错接），发现工具外壳、手柄破裂，应立即停止使用，进行更换。

（6）非专职人员不能擅自拆卸和修理电动工具。

（7）作业人员使用手持电动工具时，应穿绝缘鞋，戴绝缘手套，操作时握其手柄，不得利用电缆提拉。

（8）长期搁置不用或受潮的电动工具，在使用前应由电工测量绝缘阻值是否符合要求后再使用。

15. 手持电动工具有哪几种？

手持电动工具在使用中需要经常移动，其振动较大，比较容易发生触电事故，而且这类设备往往在作业人员紧握之下运动的，因此，手持电动工具比固定设备更具有危害性。

手持电动工具按触电保护分为：Ⅰ类工具、Ⅱ类工具和Ⅲ类工具。

1）Ⅰ类工具（普通型电动工具）

其额定电压超过50伏。工具在防止触电的保护方面不仅依靠其本身的绝缘，而且必须将不带电的金属外壳与电源线路中的保护零线作可靠连接，这样才能保证工具基本绝缘，损坏时不成为导电体。这类工具外壳一般都是全金属。

2）Ⅱ类工具（绝缘结构全部为双重绝缘结构的电动工具）

其额定电压超过50伏。工具在防止触电的保护方面不仅有基本绝缘的保护措施，而且还提供双重绝缘或加强绝缘的附加安全预防措施。这类工具外壳有金属和非金属两种，但手持部分是非金属，有“回”符号标志。

3）Ⅲ类工具（特低压的电动工具）

其额定电压不超50伏。工具在防止触电保护方面依靠由安全特低电压供电和在工具内部不含产生比安全特低电压高的电压。这类工具外壳均为全塑料。Ⅱ、Ⅲ两种工具都能保证使用时电气的安全，不必接地或接零。

16. 发生电击和电伤事故的主要因素有哪些？

触电事故可分为电击和电伤。

电击是最危险的触电事故，大多数触电死亡事故都是由电击造成的。当人体直接接触了正常运行的带电体，电流就会通过人体，使肌肉发生麻木、抽动，如不能立刻脱离电源，将使人体神经中枢受到伤害，引起呼吸困难、心脏停搏，以至死亡。

电伤是电流的热效应、化学效应或机械效应对人体造成的局部伤害。电伤多见于人体外部表面，且在人体表面留下伤痕。其

中电弧烧伤最为常见，也最为严重，可以使人致残或致命。此外还有电烙印、烫伤、皮肤金属化等。

触电事故发生的主要因素有：

（1）大多触电事故是由于缺乏安全用电知识或不遵守安全技术要求，违章作业所致。

（2）季节性原因。触电事故的统计表明，每年的第二季度、第三季度事故较多。主要是由于夏秋天气多雨、潮湿，降低了电气绝缘性能；天气热，人体多汗衣薄，降低了人体电阻。

（3）低电压触电事故多。低压电网、电气设备分布广，人们接触使用500伏以下电器的机会较多；由于人们的思想麻痹，缺乏电气安全知识，导致事故增多。

（4）单相触电事故多。触电事故中，单相触电占70%以上。这往往是非持证电工或一般人员私拉乱接，不采取安全措施而造成的。

（5）触电者中青年人多。说明安全与技术是紧密相关的，工龄长、工作经验丰富、技术能力强的职工，对安全工作重视，出事故的可能性就小。

（6）事故多发生在电气设备的连接部位。由于该部位紧固件松动、绝缘老化、环境变化或经常活动，容易发生触电事故。

（7）行业工作特点。冶金行业的高温和粉尘，机械行业和场地金属占有系数高，化工行业和腐蚀潮湿，建筑行业和露天分散作业，安装行业的高空移动式用电设备等，都很容易发生事故。

17. 触电事故有哪些形式？

触电方式分为：直接接触触电、间接接触触电、跨步电压触电。

（1）直接接触触电是指人体直接接触或接近带电体造成的

触电。又分为单相触电、两相触电和其他触电。其中单相触电最为常见，两相触电危险程度更高一些。

（2）间接接触触电是指由于故障原因使正常情况下不带电的电气设备金属外壳带电造成的触电。如接触电压触电就是比较常见的触电方式。当设备发生碰壳漏电时，设备金属外壳产生对地电压，这时人站在设备附近，手或人体其他部位接触到设备外壳，就会造成触电。

（3）跨步电压触电是指当电气设备发生接地短路故障或电力线路断落接地时，电流经大地流走，这时接地附近的地面存在不同电位两点时就会发生触电事故。这类事故经常发生在接地点周围特别是潮湿的地方或在水中。

18. 如何预防触电事故？

用电不当可能给我们带来伤害。因此，要了解安全用电知识，防止发生触电事故。

1）防止接触带电部件

防止人体与带电部件的直接接触，从而防止电击，采取绝、屏护和安全间距是最为常见的安全措施。

（1）绝缘即用不导电的绝缘材料把带电体封闭起来，这是防止直接触电的基本保护措施。但要注意绝缘材料的绝缘性能与设备的电压、载流量、周围环境、运行条件等相符合。

（2）屏护如采用遮拦、栅栏、护罩、护盖、箱闸等把带电体同外界隔离开来。此种屏护用于电气设备不便于绝缘或绝缘不足以保证安全的场合，是防止人体接触电体的重要措施。

（3）安全距离。为防止人体触及或接近带电体，防止车辆等物体碰撞或过分接近带电体，在带电体与带电体、带电体与地面、带电体与其他设备和设施之间，均应保持一定的安全距离。安全间距的大小与电压高低、设备类型、安装方式等因素有关。

2）防止电气设备漏电

保护接地和保护接零，防止间接触电。

（1）保护接地。即将正常运行的电气设备不带电的金属部分和大地紧密连接起来。其原理是通过接地把漏电设备的对地电压限制在安全范围内，防止触电事故。保护接地适用于中性点不接地的电网中，电压高于1千伏的高压电网中的电气装置外壳，也应采取保护接地。

（2）保护接零。在380/220伏三相四线制供电系统中，把用电设备正常情况下不带电的金属外壳与电网中的零线紧密连接起来。其原理是在设备漏电时，电流经过设备的外壳和零线形成单相短路，短路电流烧断熔丝或使低压断路器跳闸，从而即断电源，消除触电危险。适应用于电网中性点接地的低压系统中。

3）采用安全电压

根据生产和作业场所的特点，采用相应等级的安全电压，是防止发生触电事故的根本措施。国家标准（GB 3805—1983）《安全电压》规定等级为42伏、36伏、24伏、12伏和6伏，要根据作业场所、操作员条件、使用方式、供电方式、线路状况等因素选用。安全电压有一定的局限性，适用于小型电气设备，如手持电动工具等。

4）漏电保护装置

漏电保护装置，又称触电保护器，在低压电网中发生电气设备及线路漏电或触电时，它可以立即发出报警信号并迅速自动切断电源，从而保护人身安全。漏电保护装置可分为电压型、零序电流型、泄漏电流型和中性点型四类，其中电压型和零序电流型两类应用较为广泛。

5）合理使用防护用具

在电气作业中，合理匹配和使用绝缘防护用具，对防止触电事故、保障操作人员在生产过程中的安全健康具有重要意义。绝缘防护用具可分为两类，一类是基本安全防护用具，如绝缘棒、绝缘钳、高压验电笔等；另一类是辅助安全防护用具，如绝缘手套、绝缘（靴）鞋、橡皮垫、绝缘台等。

6）安全用电组织措施

防止触电事故，技术措施十分重要，但组织管理措施也必不可少。其中包括制定安全用电措施计划和规章制度，进行安全用电检查，开展教育和培训，组织事故分析，建立安全资料档案等。

第三章　机械作业安全常识

作为生产、生活的重要工具，机械在农业、工业、运输业等领域均发挥着十分重要的作用。它不仅在劳动强度和工作时间等方面弥补了人工操作的不足，还为人们的生活、工作提供了舒适和便捷。大到各类大型机械设备，如起重机械、发电设备、铸造机械等，小到家用电器、汽车及汽车仪表等，都与我们的生活生产息息相关。

然而，有许多农民工朋友来到城市从事机械设备操作，由于不掌握正确的操作安全知识，从而造成了安全事故，给本人和家庭带来了极大的痛苦。

1. 机械操作应具备哪些安全措施？

（1）机械设备的布局要合理，应便于操作人员装卸工件、加工观察和清除杂物，同时也应便于维修人员的检查和维修。

（2）机械设备的零部件的强度、刚度应符合安全要求，安装应牢固，不得经常发生故障。

（3）机械设备要根据相关安全要求，必须设立合理、可靠、不影响操作的安全装置。

（4）机械设备的电气装置必须符合电气安全的要求。

（5）机械设备的操作手柄及脚踏开关等应符合安全要求。

（6）机械设备的作业现场要有良好的环境，亮度要适宜，湿度与温度要适中，噪声和振动要小，零件、工夹具等要摆放整齐。

（7）机械设备应根据其性能、操作顺序等制定出安全操作规程和检查、润滑、维护等制度，以便操作者遵守。

2. 机械操作人员应熟知哪些安全规定?

为了保证机械设备不发生安全事故，不仅机械设备本身要符合安全要求，而且更重要的是要求操作者严格遵守安全操作规程。

（1）必须正确穿戴好个人防护用品。该穿戴的必须穿戴，不该穿戴的一定不要穿戴。如机械加工时要求女工戴护帽，如果不戴就可能将头发绞进去。同时要求不得戴手套，如果戴了，机械的旋转部分就可能将手套绞进去，将手绞伤。

（2）操作前要对机械设备进行安全检查，而且要空车运转一下，确认正常后，方能投入运行。

（3）机械设备在运行中要按规定进行检查，特别是紧固的物件是否松动，以便重新紧固。

（4）机械设备严禁带故障运行，更不能凑合使用，以防止出事故。

（5）机械设备的安全装置必须按规定正确使用，不准将其拆掉。

（6）机械设备使用的刀具、工夹具以及加工的零件等一定要装卡牢固，不得松动。

（7）机械设备在运转时，严禁用手调整，也不得用手测量零件，或进行润滑、清扫杂物等。如需进行时，应首先关停机械设备。

（8）机械设备运转时，操作者不得离开工作岗位，以防发生问题时，无人处置。

（9）工作结束后，应关闭开关，把刀具和工件从工作位置退出，并清理好工作场地，将零件、工夹具等摆放整齐，打扫好机械设备的卫生。

3. 机械作业造成的伤害事故主要有哪些?

（1）机械设备零、部件旋转运动时造成的伤害。例如机械设备中的齿轮、带轮、滑轮、卡盘、光杠、丝杠、联轴节等是旋转运动的。往往会造成人员绞伤或物体打击伤害。

（2）机械设备的零、部件做直线运动时造成的伤害。例如锻锤、冲床、切扳机的施压部件，牛头刨床的床头，龙门刨床的床面及桥式吊车升降时，容易造成人体的压伤、砸伤、挤伤等。

（3）刀具造成的伤害。例如车床上的车刀、铣床上的铣刀、钻床上的钻头、磨床上的磨轮、锯床的锯条等，在加工零件时容易造成烫伤、刺伤、割伤等。

（4）被加工的零件造成的伤害。机械设备在对零件进行加工过程中，容易对人体造成伤害。

① 被加工零件因固定不牢而被甩出，如车床卡盘夹不牢，在旋转时会将工件甩出致使伤人。

② 被加工的零件在吊运和装卸过程中，可能砸伤人。

（5）电气系统造成的伤害，主要是对人的电击伤害。

（6）手持工具造成的伤害。

（7）其他的伤害。例如有的机械设备在使用时伴随着发出强光、高温，还有的放出化学能、辐射能以及尘毒危害物质等，这些危害源对人体都有可能造成伤害。

4. 机械危害事故的形式有哪些?

机械危害是指机械在使用过程中产生的危害。可能是来自机械自身、原材料、工艺方法或手段、人对机器的操作过程，以及机械所在的场所和环境条件等。

主要有以下几种形式：

1）挤压危害

这种危害是在两个零部件之间产生，其中一个或两个是运动零部件。在挤压危害中最典型的是来自于压力加工机械。当压力机的冲头下落时，人手正在安放工件或调整模具，这时手指就有可能受到挤压伤害。此外，人手还可能在螺旋输送机、塑料注射成型机中受挤压。如果安装距离过近或操作不当，如在转动阀门的平轮或关闭防护罩时也会受挤压。

2）剪切危害

当一个较为锐利边刃的部件相对其他相同边刃的部件作直线运动时，就有可能产生剪切危害。如剪切机械，这类机械在工作时所产生的剪刀作用能将人的四肢切断。

3）切割或切断危害

当人体与机械上的尖角或锐边进行相对运动时，这种危害就可能发生。当机械上有锐边、尖角的部件高速转动时，这种危害带给人的伤害就会更大。如正在工作着的车、铣、刨、钻、圆盘锯等。

4）缠绕危害

有的机械设备表面的尖角或凸出部位，能缠住人的衣服、头发甚至皮肤。较为典型的是某些运动部件上的凸出物、皮带接头、车床的转轴以及进行加工的加工件能将人的手套、衣袖、头发等缠绕，从而对人体造成严重的伤害。

5）吸入或卷入危害

此类危险常常发生在风力强大的引风设备上。一些大型的抽风或引风设备开动时，能产生强大的空气旋流，将人吸向快速转动的桨叶，从而发生人体伤害。

6）冲击危害

冲击危害主要来自两个方面：一个是受往复运动部件的冲击；另一个是受飞来物及落下物的冲击。高速旋转的零部件、工具、工件等固定不牢松脱时，会以高速甩出，虽然这类物件往往

重量不大，但由于其转速高，动能大，对人体造成的伤害也比较严重。

7）刺伤或扎穿危害

操作人员使用较为锋利的工具刃口，如铣工车间里的切屑等，都如同快刀，能对人体造成伤害。

8）摩擦或磨损危害

这类危害一般发生在旋转的刀具、砂轮等机械部件上。当人体接触到正在旋转的部件时，就会与其产生剧烈的摩擦而给人体带来伤害。

9）高压流体喷射危害

机械设备上的液压元件超负荷，压力超过液压元件工作时允许的最大值，使高压流体喷射冲击，可能给人体带来伤害。

5. 机械操作有哪些安全技术要求？

（1）操作人员体检合格，无疾病或生理缺陷，并经过专业培训、考核合格取得操作证或机动车驾驶执照后，方可持证上岗。

（2）操作人员在作业过程中，应集中精力正确操作，注意机械情况，不得擅自离开工作岗位或将机械交给其他无关人员操作。严禁无关人员进入操作室内。

（3）操作人员应遵守机械有关保养规定，及时做好各项保养工作，经常保持机械的完好状态。

（4）实行多班作业的机械，应严格执行交接班制度，认真填写交接班记录，接班人员经检查确认无误后，方可进行工作。

（5）在工作中，操作人员和配合作业人员必须按规定穿戴劳动保护用品，长发应束紧不得外露，高处作业时必须系好安全带。

（6）现场施工负责人应为机械作业提供道路、水电、机棚或停机场地等必备的条件，并消除对机械作业有妨碍或不安全的因素。夜间作业应设置充足的照明。

(7) 机械进入作业地点后，施工技术人员应向操作人员进行施工任务和安全技术措施交底。操作人员应熟悉作业环境和施工条件，听从指挥，遵守现场安全规则。

(8) 机械必须按照出厂使用说明书规定的技术性能、承载能力和使用条件，正确操作，合理使用，严禁超载作业或任意扩大使用范围。

(9) 机械上的各种安全防护装置及监测、指示、仪表、报警等自动报警、信号装置应完好齐全，有缺损时应及时修复。安全防护装置不完整或已失效的机械不得使用。

(10) 机械不得带病运转。运转中发现不正常时，应先停机检查，排除故障后方可使用。

(11) 凡违反规程的作业命令，操作人员应先说明理由后可拒绝执行。由于发令人强制他人违章作业而造成事故者，应追究发令人的责任，直至追究刑事责任。

(12) 新机、经过大修或技术改造的机械，必须按出厂使用说明书的要求和现行国家标准进行测试和试运转。

(13) 机械在寒冷季节使用,应符合《建筑机械使用安全技术规程》(JGJ 33) 附录B的规定。

(14) 机械集中停放的场所，应有专人看管，并应设置消防器材及工具。大型内燃机械应配备灭火器。机房、操作室及机械四周不得堆放易燃、易爆物品。

(15) 变配电所、乙炔站、氧气站、空气压缩机房、发电机房、锅炉等易于发生危险的场所，应在危险区域界限处，设置围栅和警告标志，非工作人员未经批准不得入内。挖掘机、起重机、打桩机等重要作业区域，应设立警告标志及采取现场安全措施。

(16) 在机械产生对人体有害的气体、液体、尘埃、渣滓、

放射性射线、振动、噪声等场所，必须配置相应的安全保护设备和三废处理装置。在隧道、沉井基础施工中，应采取措施，使有害物限制在规定的限度内。

（17）使用机械与安全生产发生矛盾时，必须首先服从安全要求。

（18）停用一个月以上或封存的机械，应认真做好停用或封存前的保养工作，应采取预防风沙、雨淋、水泡、锈蚀等措施。

（19）机械使用的润滑油（脂），应符合出厂使用说明书新规定的种类和牌号，应按时、按季、按质更换。

（20）当机械发生重大事故时，企业领导必须及时上报和组织抢救，保护现场，查明原因，分析责任，完善措施，并按事故性质严肃处理。

（21）汽车及自行轮胎式机械在进入城市交通或出路时，必须遵守交通安全法和相关管理规定及要求。

6. 造成机械事故的直接原因有哪些?

机械都是人设计、制造、安装的，在使用中是由人操作、维护和管理的，因此造成机械安全事故最根本的原因是人的不安全行为。主要是防护、保险、信号等装置缺乏或有缺陷。

（1）无防护。无防护罩、无安全保险装置、无报警装置、无安全标志、无护栏或护栏损坏、设备电气未接地、绝缘不良、噪声大、无限位装置等。

（2）防护不当。防护罩未在适当位置、防护装置调整不当、安全距离不够、电气装置带电部分裸露等。

（3）设备、设施、工具、附件有缺陷。

（4）设计不当，结构不符合安全要求，制动装置有缺陷，安全间距不够，工件上有锋利毛刺、毛边，设备上有锋利的倒棱等。

（5）强度不够。机械强度不够、绝缘不够、起吊重物的绳索不符合安全要求等。

（6）设备在非正常状态下运行，设备带“病”运转、超负荷运转等。

（7）维修、调整不良。设备失修、保养不当、未加润滑油等。

（8）个人防护用品、用具（如防护服、手套、护目镜及面罩、呼吸器官护具、安全带、安全帽、安全鞋等）缺少或有缺陷，甚至无个人防护用品、用具，或所用防护用品、用具不符合安全要求。

（9）照明光线不良，包括照度不足、作业场所烟雾烟尘弥漫、视物不清、光线不强、有眩光等。

（10）通气不良，无通风或通风系统效率低等。

（11）作业场地狭窄、杂乱，工具、制品、材料堆放不安全。

（12）操作工序设计或配置不安全，交叉作业过多。

（13）交通线路的配置不安全。

（14）地面滑，有油或其他液体、冰雪、易滑物（如圆柱形管子、料头、滚珠等）。

（15）储存方法不安全，堆放过高、不稳固。

7. 机械作业人员经常出现哪些不安全行为?

1）操作失误、忽视安全、忽视警告

（1）未经许可开动、关停、移动机器。

（2）开动、关停机器时未给信号。

（3）开关未锁紧，造成意外转动。

（4）忘记关闭设备。

（5）忽视警告标志、警告信号，操作错误（如按错按钮、阀门、扳手、把柄的操作方向相反）。

(6) 供料或送料速度过快，机械超速运转。

(7) 冲压机作业时手伸进冲模。

(8) 违章驾驶机动车。

(9) 工件、刀具紧固不牢。

(10) 用压缩空气吹铁屑等。

2) 安全装置失效

(1) 拆除安全装置。

(2) 安全装置失去作用。

(3) 调整不当，造成安装装置失效。

3) 使用不安全设备

(1) 临时使用不牢固的设施，如工作梯。

(2) 使用无安全装置的设备。

(3) 拉临时线不符合安全要求等。

4) 用手代替工具操作

(1) 用手代替手动工具。

(2) 用手清理切屑。

(3) 不用夹具固定，用手拿工件进行机械加工等。

5) 违章作业

(1) 物体（成品、半成品，材料、工具、切屑和生产用品等）存放不当。

(2) 攀、坐不安全装置（如平台护栏、起重机吊钩等）。

(3) 机械运转时加油、修理、检查、调整、焊接或清扫。

(4) 作业中未戴个人防护用品。

6) 穿戴不安全装束

(1) 在有旋转零部件的设备旁作业时穿着过于肥大、宽松的服装。

(2) 操纵带有旋转零部件的设备时戴手套。

(3) 穿高跟鞋、凉鞋或拖鞋进入车间工地等。

7) 无意或为排除故障而接近危险部位

如在无防护罩的运动零部件之间清理卡住物。

8. 木工机械作业需要掌握哪些安全技能？

机械木工在生产过程中使用机械作业，主要包括冷压机、封边机、裁板锯、带锯、压刨、平刨、圆锯机、线锯机、圆棒机、砂带机等。

机械木工作业需掌握以下安全技能：

（1）木工机械必须专人管理。

（2）安全防护装置必须齐全可靠，操作时不准拆卸。

（3）操作时不准戴手套，不准在机械运转中进行维修保养、加油清理和调整。

（4）加工旧木料前必须将铁钉、泥垢清除干净。

（5）每日工作完毕，必须工完场清、拉闸断电、锁好电闸箱。在工作地点附近设置灭火器。

（6）清除木糠，必须待锯片完全停顿，电源关闭后方可进行清除。

（7）严禁使用多动能（电锯、电刨、电钻合一的）木工机械。

9. 木工机械作业容易造成哪些危害？

1）木工机械上零件或刀具飞出危险

木制品加工中，机床上的零件、刀具可能发生意外断裂而飞出，如带锯机上断裂的锯条，砂光机上断裂的砂带，木工刨床上未夹紧飞出的刀片等，都会酿成伤害事故。

2）作业时与工件接触的危险

在木制品加工时，木工机械多采用手工送料。当手推压木料送进时，遇到节疤、弯曲或其他异常情况，手会不自觉地与刃口

接触，容易造成割伤甚至断指。

3）操作人员违反操作规程带来的危险

操作者不熟悉木工机械性能和安全操作规程，或不按安全操作规程作业，加之木工机械设备没有安装安全防护装置或安全防护装置失灵，都极易造成伤害事故。

4）接触高速转动的刀具的危险

木工机械设备的工作刀轴转速高，一般在 2500～6000 转/分，转动惯性大。操作者为了使其在电机停止后尽快停转，往往习惯于用手或木棒制动，因而造成手与刀具相接触时受到伤害。

5）木屑飞出的危险

木制品加工中，产生大量的木屑，如圆锯机没有装设防护罩，锯下的木屑或碎块可能会以较大的速效（超过 100 千米/小时）飞向操作者脸部，给操作者造成严重伤害。

6）木材或木粉发生燃烧及爆炸的危险

木材是易燃物，加工时产生的木粉在空气中达到一定浓度时，会形成爆炸混合物。当木粉在车间堆积过多时，尤其是接触到暖气片或蒸汽管时易引起阴燃。

7）制造工艺性质的危险

木工机械由于制造原因产生的危险与其他机械相比，制造精度低，又缺乏必要的安全防护装置，或装置失灵，而且手工操作多，易发生事故。

8）触电的危险

木工机床所用电机多为三相 380 伏电源，一旦绝缘体损坏，就很容易造成触电事故。

9）工件伤人危机

在没有设置止逆器的多锯片木工圆锯机、木工压刨床上，容易发生工件的回弹伤人的危险。

10. 金属机床切削需注意哪些事项?

1）操作前注意的事项

（1）仔细阅读交接班记录，了解上一班机床的运转情况和存在的问题。

（2）检查机床、工作台、导轨及各主要滑动面，如有障碍物、工具、铁屑、杂质等，必须清理、擦拭干净并上油。

（3）检查工作台、导轨及主要滑动面有无新的拉、研、碰伤，如有应通知值班班长或设备员一起查看并做好记录。

（4）检查安全防护、制动（止动）、限位和换向等装置应齐全完好。

（5）检查机床、液压、气动操作手柄、阀门、开关等处于非工作的位置上。

（6）检查各刀架应处于非工作位置。

（7）检查电气配电箱应关闭牢靠，电气接地良好。

（8）检查润滑系统储油部位的油量应符合规定，封闭良好，油标、油窗、油杯、油嘴、油线、油毡、油管和分油器等应齐全完好，安装正确。按润滑指标图表规定做人工加油或机动（手拉）泵打油，查看油窗是否来油。

（9）停车一个班以上的机床，应按说明书规定及液体静压装置使用规定的开车程序和要求做空转试车 3 ~ 5 分钟。

2）检查重点部位

（1）操纵手柄、阀门、开关是否灵活、准确、可靠。

（2）安全防护、制动（止动）、联锁、夹紧机构等装置是否起作用。

（3）校对机构运动是否有足够行程，调整并固定限位、定程挡铁和换向碰块等。

（4）由机动泵或手拉泵润滑部位是否有油，润滑是否良好。

（5）机械、液压、静压、气动、靠模、仿形等装置，检查其动作、工作循环、温升、声音等是否正常，压力（液压、气压）是否符合规定。确认一切正常后，方可开始工作。

3）工作中遵章守纪

（1）坚守岗位，精心操作，不做与工作无关的事。如因事离开机床时要停车，关闭电源、气源。

（2）按工艺规定进行加工。不准任意加大进刀量，磨削量和切（磨）削速度。不准超规范、超负荷、超重量使用机床。不准精机粗用和大机小用。

（3）刀具、工件应装夹正确、紧固牢靠。装卸时不能碰伤机床。找正刀具、工件不准重锤敲打。不准用加长扳手柄增加力矩紧固刀具、工件。

（4）不准在机床主轴锥孔，尾座套筒锥孔及其他工具安装在孔内，安装与其锥孔不符、表面有裂疤或不清洁的顶针、刀具、刀套等。

（5）传动及进给机构的机械变速、刀具与工件的装夹、调整以及工件的工序间的人工测量等均应在切削、磨削终止，刀具、磨具退离工件后停车进行。

（6）应保护刀具、磨具的锋利，如变钝或崩裂应及时磨锋或更换。

（7）切削、磨削中，刀具、磨具未离开工件时，不准停车。

（8）不准擅自拆卸机床上的安全防护装置，缺少安全防护装置的机床不准工作。

（9）液压系统除节流阀外其他液压阀不准私自调整。

（10）机床上特别是导轨面和工作台面，不准直接放置工具，工件及其他杂物。

（11）经常清除机床上的铁屑、油污，保持导轨面、滑动面、转动面、空位基准面和工作台面清洁。

（12）密切注意机床运转情况、润滑情况，如发现动作失灵、震动、发热、爬行、噪声、异味、碰伤等异常现象，应立即停车检查，排除故障后，方可继续工作。

（13）机床发生事故时应立即按总停按钮，保持事故现场，报告有关部门分析处理。

（14）不准在机床上焊接和补焊工件。

（15）机床操作者要佩戴防护眼镜，女同志应留短发或将长发束起来。

4）停止作业后要做到的事项

（1）将机械、液压、气动等操作手柄、阀门、开关等扳到非工作位置上。

（2）机床停止运转后，切断电源、气源。

（3）清除铁屑，清扫现场，擦净机床。导轨面、转动及滑动面、空位基准面、工作台面等处要加油保养。

（4）认真将班中发现的问题，填到交接班记录本上，做好交班工作。

11. 机械切削安全操作规程内容有哪些？

（1）被加工工件的重量、尺寸应与机床的技术性能数据相适应。

（2）被加工工件的重量大于20千克时，应使用起重设备。

（3）在工件回转或刀具回转的情况下，禁止戴手套操作。

（4）紧固工件、刀具或在机床旁站立时要站稳，不要用力过猛。

（5）每次开动机床前都要确认对任何人无危险，机床附件、加工件以及刀具均要固定牢靠。

（6）当机床已在工作时，不能变动手柄和进行测量、调整、清理等工作。操作者应仔细观察加工进程。

（7）如果在加工过程中形成飞起的切屑，应设防护挡板。

从机床上清除切屑及缠绕在被加工件或刀具上的切屑时，不能直接用手，也不能用压缩空气吹，要用专用工具。

（8）正确安放被加工件，不要堵塞机床附近通道，要及时清扫切屑，工作场地特别是脚踏板上，不能有冷却液和油。

（9）用压缩空气为机床附件驱动时，废气排放口应朝着远离机床的方向。

（10）经常检查零件在工作地或库房内堆放的稳固性，当将这些零件移动到运箱中时，要确保其位置稳定以及运箱本身稳固。

（11）操作者离开机床时，即便是短时间离开，也一定要关电源停车。

（12）当出现电绝缘发热并有气味、设备运转声音不正常时，应迅速停车检查。

12. 冲压加工为什么容易发生安全事故?

冲压加工的操作多用人工，如用手或脚去操纵设备，用手工甚至用手伸进模内上下料，在这种工作条件下，操作者很容易作出失误动作，因而往往发生断指伤害事故。

1）发生事故的原因

（1）手工送料或取件时，由于频繁的简单劳动容易引起操作者精神和体力的疲劳而发生误操作。特别是采用脚踏开关的情况下，手脚难以协调，更容易做出失误动作。操作失误还与时间有关，如在接近下班时，操作者体力已消耗很大，身体十分疲劳，这时又急于完成任务，精力不集中，容易做出失误动作酿成事故。

（2）由于室温不适、噪声过大、旁人打扰或操作条件不舒适等因素，导致操作者因观察错误而误操作。

（3）在多人操作时，由于缺乏严密的统一指挥，操作动作互相不协调而发生事故。

（4）手在上下模具之间工作时，因设备故障而发生意外动作。如离合器失灵而发生连冲，调整模具时滑块自动下滑，传动系统防护罩意外脱落，敞开式脚踏开关被误踏等故障，极易造成意外事故。

（5）违反操作规程、冒险作业或由于额定任务过高、加班操作等生产组织上的原因，容易造成事故。

2）避免事故发生的办法

（1）开始操作前，必须认真检查防护装置是否完好，离合器制动器是否灵活和安全可靠。应把工作台上的一切不必要的物件清理干净，以防工作时震落到脚踏开关上，造成冲床突然启动而发生事故。

（2）冲压小工件时不得用手，应使用专用工具，最好安装自动送料装置。

（3）操作者对脚踏开关的控制必须小心谨慎，装卸工件时，脚应离开脚踏开关，严禁他人在脚踏开关周围停留。

（4）如果工件卡在模子里，应用专用工具取出，不准用手拿，并应将脚从脚踏开关上移开。

13. 车工作业应注意哪些安全措施?

（1）工作时要穿紧身工作服或紧身衣服。

（2）要戴工作帽，女同志头发辫子要塞在帽子里。

（3）工作时，头不能离工作台太近，防止切屑飞入眼内。如屑飞溅必须戴护目镜。

（4）手和身体不能靠近旋转机件，相互间更不准开玩笑。

（5）工件和车刀必须夹牢固，否则飞出伤人。

（6）当工件和卡盘装上取下太重，不要一个人操作，应找工友帮忙。

（7）车床转动时，不要去测量工件，也不能用手摸工件表面。

（8）不能用手硬拉切屑，应用专用钩子清除。

（9）不要习惯用手去刹转动的卡盘。

（10）卡盘运转时，工作中不能戴手套。

（11）电气有故障，不要私自任意拆卸，以免扩大故障。

（12）车削工件时，不可离开机床前后走动。

（13）工作结束时，关闭电机，做到人离机停。

14. 铣工作业应掌握哪些安全技能？

（1）进入工作场地必须穿工作服。操作时不准戴手套，女同志必须戴上工作帽。

（2）开车前，检查机床手柄位置及刀具装夹是否牢固可靠，刀具运动方向与工作台进给方向是否正确。

（3）将各注油孔注油，空转试车（冬季必须先开慢车）2分钟以上，查看油窗等各部位，并听声音是否正常。

（4）切削时先开车，如中途停车应先停止进给，后退刀再停车。

（5）集中精力，坚守岗位，离开时必须停车，机床不许超负荷工作。

（6）工作台上不准堆积过多的铁屑，工作台及导轨面上禁止摆放工具或其他物件，工具应放在指定位置。

（7）切削中，禁止用毛刷在与刀具转向相同的方向清理铁屑或加冷却液。

（8）机床变速、更换铣刀以及测量工件尺寸时，必须停车。

（9）严禁两个方向同时自动进给。

（10）铣刀距离工件10毫米内，禁止快速进刀，不得连续点动快速进刀。

（11）仔细注意各部润滑情况及各运转的连接件，如发现异常情况或异常声音应立即停车报告。

（12）工作结束后，应将手柄摇到零位，关闭总电源开关，将工卡量具擦净放好，擦净机床，做到场地清洁整齐。

15. 钳工作业应掌握哪些安全措施?

（1）使用的工具，作业前必须进行检查。

（2）工作台上应设置铁丝防护网，在錾凿时要注意对面人员的安全，严禁使用高速钢做錾子。

（3）用手锯锯割工件时，锯条应适当拉紧，以免锯条折断伤人。

（4）使用大锤时，必须注意前后、左右、上下的环境情况，在大锤运动范围内严禁站人，不允许使用大锤打小锤，也不允许使用小锤打大锤。

（5）在多层或交叉作业时应注意戴安全帽，并注意听从统一指挥。

（6）检修设备完毕，要使所有的安全防护装置、安全阀及各种声光信号均恢复到正常状态。

16. 锻工作业应掌握哪些安全措施?

（1）在砧子上取送模具、冲头、垫铁等，必须使用夹钳，严禁用手。

（2）手工操作时，打大锤要互相配合好，严禁在打大锤者背后 2 ~ 5 米内行走或工作。

（3）切断金属坯料时，要注意轻击，防止切断的料头飞出伤人。掌钳者的钳柄不可正对腹部。

（4）汽锤开动时，不准打空锤，不准测量工作物的尺寸，

不准人体的任何部位进入锤头运动之内。检查或修理时，必须将锤头固定。注意加热炉附近不允许存放易燃物品。

17. 磨床工作业需要掌握哪些安全措施?

（1）操作内圆磨、外圆磨、工具磨、曲轴磨等要遵守金属切削机械的安全操作规程，工作时要穿工作服戴工作帽。

（2）工件加工前，应根据工件的材料、硬度、精度等情况，合理选择适用的砂轮。

（3）更换砂轮时，要用声响检查砂轮是否有裂纹，并校核砂轮的圆周速度是否合适，切不可超过砂轮的允许速度运转。砂轮装完后，要按规定尺寸安装防护罩。安装砂轮时，需经平衡试验，开空车试5～10秒，确认无误后方可使用。

（4）磨削时，先将纵向挡铁调整固定紧好，使往复灵敏。人不准站在正面，应站在砂轮的侧面。

（5）进给时，不准将砂轮一下就接触工件，要留有空隙，缓慢地进给，以防砂轮突然受力后爆裂而发生事故。

（6）砂轮未退离工件时，不得中途停止运转。装卸工件、测量精度均应停车，将砂轮退到安全位置以防磨伤手。

（7）用金刚钻修整砂轮时，要用固定的托架，湿磨的机床要用冷却液冲，干磨的机床要开启吸尘器。

（8）干磨的工件，不准突然转为湿磨，防止砂轮碎裂。湿磨工件冷却液中断时，要立即停磨。工作完毕应将砂轮空转5秒，将砂轮上的切削液甩掉。

（9）平面磨床一次磨多件时，加工件要靠紧垫妥，防止工件飞出或砂轮爆裂伤人。

（10）外圆磨用两顶针加工的工件应注意顶钳是否良好。用卡盘加工的工件要夹紧。

（11）内圆磨床磨削内孔时，用塞规或仪表测量，应将砂轮退到安全位置上，待砂轮停转后方能进行。

（12）工具磨床在磨削各种刀具、花键、键槽等有断续表面工件时，不能使用自动进给，进刀量不宜过大。

（13）万能磨床应注意油压系统的压力，不得低于规定值。油缸内有空气时，可移动工作台于两端，排除空气，以防液压系统失灵造成事故。

（14）不是专门用的端面砂轮，不准磨削较宽的平面，防止碎裂伤人。

（15）经常调换冷却液，防止污染环境。

18. 厂内汽车运输应遵守哪些安全规定?

（1）车辆驾驶员必须经有资质的培训单位培训并考试合格后方可持证上岗。

（2）厂区内行车速度不得超过每小时 15 千米；天气恶劣时不能超过每小时 10 千米；倒车及出入厂区、厂房时不得超过每小时 5 千米；在厂区道路上行驶不能超过每小时 20 千米；不得在平行铁路装卸线钢轨外侧 2 米以内行驶。

（3）车辆通过路口时，驾驶员一定要先观望，在没有危险时才通过。

（4）车辆的各种机械零件，必须符合技术规范和安全要求，严禁带故障运行。

（5）装运货物，不能超载、超高。

（6）装载货物的车辆，随车人员应坐在指定安全位置，不得站在车门踏板上，也不得坐在车厢侧板上或驾驶室顶上。

（7）电瓶车在进入厂房内，装载易燃易爆、有毒有害物品时，严禁载人。

（8）铲车在行驶时，无论是空载还是重载，其车铲距地面不得小于 300 毫米，但不得高于 500 毫米。

（9）严禁驾驶员酒后驾车、疲劳驾车、争道抢行等违章行为。

19. 汽车驾驶员应遵守哪些安全规定？

（1）汽车驾驶员必须符合国家颁发的有关文件规定和技术要求，持有相应的驾驶证件，熟悉车辆性能，方可独立驾驶。

（2）驾驶车辆时必须携带驾驶证、行车证等证件。不得驾驶与证件规定不相符的车辆。不准将车辆交给不熟悉该车性能和无驾驶证的人员驾驶。

（3）驾驶新类型车辆，必须先经过专门训练，熟悉车辆各部分的结构、性能、用途，做到会驾驶、会保养、会排除简单故障。对技术难度较大的车辆，应在考试合格后，方可单独驾驶。

（4）学员必须在取得公安、交通部门的学习证后，方可在教练员的指导下，在指定的路线上练习驾驶。

（5）驾驶员必须执行调度的命令，根据任务单出车，并对车辆的正确运行、安全生产、完成定额指标负有直接责任。

（6）驾驶人员必须严格遵守国家颁发的交通安全法令和规章制度，服从交通管理人员的指挥、监察，积极维护交通秩序，保障人员生命财产的安全。

（7）驾驶车辆时必须集中精力，不准闲谈、吃食、吸烟、打手机，不准做与驾驶无关的事情。

（8）车辆不准超载运行，如遇特殊情况需超载时，应经车辆主管部门批准。

（9）车辆不准带“病”运行，在行驶中发现有异响、发热等异常情况，应停车查明原因，待故障排除后方可继续行驶。返回后应及时报告有关部门并做好相应的记录。

（10）油料着火时不得浇水，应用灭火剂、沙土、湿麻袋等物扑救。

（11）电线着火时应立即关闭电闸，拆除一根蓄电池电线，以切断电源。

（12）倒车时，驾驶员应先查明情况，确认安全后，方可倒车。必要时应有人在车后进行指挥。

（13）行车前应先查看前方及周围有无行人和障碍物，鸣笛后再开车。在转弯时应减速、鸣笛、开方向灯或打手势。

（14）发生事故后应立即停车，抢救伤员、保护现场，报告有关主管部门，以便调查处理。

20. 车辆装卸货物应遵守哪些安全要求？

（1）车辆不准超载运行，如遇特殊情况需超载时，应经车辆主管部门批准。

（2）装载的物件必须放置平稳，必要时用绳索捆牢。危险物品要包装严密、牢固，不得与其他物品混装，并且要低速行驶，不准使用拖挂车拉运危险品。

（3）装载货物的高度不许超过 3.5 米（从地面算起）；装载零散货物，不要超过两侧厢板，必要时可使两侧厢板加高，以防货物掉下砸伤人员；装载较大或易滚动的货物，应用绳索绑紧拴牢；装载的大件、重件应放在车体中央，小件、轻件应放在车两侧，以免行车转弯或急刹车时造成事故；装载长大物件超过车体时，应备有托架或加挂拖车。

（4）装载超过规定的不可拆解货物时，必须经过企业交通安全管理部门的批准，派专人押运，按指定的线路、时间和要求行驶。

（5）装运炽热货物及易燃、易爆、剧毒等危险货物时，应遵守（GB 4387—1984）《工业企业厂内运输安全规程》的规定。

（6）装卸时，汽车与堆放货物之间的距离一般不小于 2 米，

与滚动物品的距离不能小于 3 米。装卸货物的同时，驾驶室内不能有人，不准将货物经过驾驶室的上方装卸。

（7）多辆车同时进行装卸时，前后车的间距应不小于 2 米，横向两车栏板的间距不得小于 1.5 米，车身后栏板与建筑物的间距不得小于 0.5 米。

（8）汽车在装卸货物时，特别是使用起重机械装卸货物时，不许同时检修和修理汽车，无关人员不得进入装卸作业区。

（9）汽车装载货物时，如果随车人员同行，则应坐在指定的安全点，严禁坐在车厢侧板上或驾驶室顶上，也不得站在车门踏板上，严禁在行车时跳上跳下车。

21. 司机驾车“十不准”是什么？

（1）不准超载。

（2）不准抢挡。

（3）不准超速行驶。

（4）不准酒后驾驶。

（5）开车时不准吃东西。

（6）开车时不准与他人谈话。

（7）人货不准混载。

（8）视线不清不准倒车。

（9）不准非驾驶人员开车。

（10）行驶中不准跳上跳下。

22. 起重机械有哪些类型？

起重机械在建筑行业和厂矿企业，特别是在高处作业中应用比较广泛。由于起重机械种类繁多，应用广泛，结构复杂，作业中伤亡事故也较多。

起重机械按运动方式可以分4种类型：

（1）轻小型起重机械。如千斤顶、手拉葫芦、滑车、绞车、电动葫芦、单轨起重机械，多为单一的升降运动机构。

（2）桥架类型起重机械。分为梁式、通用桥式、门式和冶金桥、装卸桥式及缆索式起重机械等。具有两个及两个以上运动机构的起重机械，通过各种控制器或按钮操纵各机的运动。一般有起升、大车和小车运行机构，将重物在三维空间内搬运。

（3）臂架类型起重机械。有固定旋转式、门座式、塔式、汽车式、轮胎式、履带式及铁路起重机械、浮游式起重机械等种类。一般来说，其工作机构除起升机和运行机构外（固定臂架式无运行机构），还有变幅机构、旋转机构。

（4）升降类型起重机械。如载人电梯或货运电梯、货物提升机等，其特点是虽只有一个升降机构，但安全装置与其他附属装置较为完善，可靠性大。此类起重机械有人工控制和自动控制。

发生起重机械安全事故主要有：

（1）在作业中，人、吊具、吊载物从空中降落容易造成人身伤亡或设备损坏事故。

（2）触电事故。从事起重作业人员因违章操作或其他原因遭受电气伤害事故。

（3）挤伤事故。作业人员被挤压在两个物体之间而造成的挤伤、压伤、击伤等人身伤亡事故。

（4）机毁事故。起重机体因为失去整体稳定性而发生倾覆翻倒，造成起重机机体严重损坏以及人员伤亡事故。

（5）其他事故。包括因误操作、起重机之间相互碰撞、安全装置失效、野蛮操作、突发事件、偶然事件等引起的事故。

23. 什么是起重机作业“十不吊”?

起重机司机“十不吊”是指起重机司机在工作中遇到以下10种情况时不能进行起吊作业:

（1）超载或起吊物重量不清不吊。

（2）指挥信号不清或多人指挥不吊。

（3）捆绑、吊挂不牢或不平衡可能引起吊物滑动不吊。

（4）起吊物上有人或浮置物不吊。

（5）起吊物结构或零部件有影响安全工作的缺陷或损伤不吊。

（6）遇有拉力不清的遇置物件不吊。

（7）工作场地光线暗淡，无法看清场地情况和指挥信号不吊。

（8）重物棱角处与捆绑钢丝绳之间未加垫不吊。

（9）歪拉斜吊重物不吊。

（10）易燃易爆物品不吊。

24. 发生起重伤害事故的主要原因有哪些?

1）挤压碰撞人

（1）吊物（具）在起重机械运行过程中摇摆挤压碰撞人。发生此种情况的原因：一是由于司机操作不当，运行中机构速度变化过快，使吊物（具）产生较大惯性；二是由于指挥失误，吊运路线不合理，致使吊物（具）在剧烈摆动中挤压碰撞人。

（2）吊物（具）摆放不稳发生倾倒碰砸人。发生此种情况的原因：一是由吊物（具）放置方式不当，对重大吊物（具）放置不稳或没有采取必要的安全防护措施；二是由于吊运作业现场管理不善，致使吊物（具）突然倾倒碰砸人。

（3）在检修流动起重机作业中被挤压碰撞。主要原因：一是由于作业人员站位不当（如站在回转臂架与机体之间）；二是由于检修作业中没有采取必要的安全防护措施，致使司机在贸然启动起重机回转时撞压碰撞人。

（4）在巡检或维修起重机作业时被挤压碰撞。作业人员站在起重机械与建（构）筑物之间人行通道上，往往会受到运行中的起重机械的挤压碰撞。主要原因：一是由于巡检人员或维修作业人员与司机缺乏相互联系；二是由于检修作业中没有采取必要的安全防护措施（如将起重机固定在大车运行区间的锚空装置），致使司机贸然启动起重机时挤压碰撞人。

2）触电（电击）

（1）司机碰触滑触线。当起重机械司机室设置在滑触线同侧，司机在上下起重机时碰触滑触线而触电。原因是：一是由于司机室位置设置不合理，一般不应设置与滑触线同侧；二是由于起重机在靠近滑触线端侧没有设置防护板（网），致使司机触电（电击）。

（2）起重机械在露天作业时触及高压输电线。露天作业的流动式起重机在高压输电线下或塔式起重机在高压输电线旁侧，在伸臂、变幅或回转过程中触及高压输电线，使起重机械带电，致使作业人员触电（电击）。发生此种情况的原因：一是由于起重机械在高压电线下（旁侧）作业，没有采取必要的安全防护措施（如加装屏护隔离）；二是由于指挥不当，操作有误，致使起重机械触电带电，导致作业人员触电（电击）。

（3）电气设备漏电。原因是：一是由于起重机械电气设施维修不及时，发生漏电。二是由于司机室没有设置安全防护绝缘垫板，致使司机因没有施漏电而触电（电击）。

（4）起升钢丝绳碰触滑触线。即由于歪拉斜吊或吊运过程中吊物（具）剧烈摆动使起升钢丝绳碰触滑触线，致使作业人员触电。发生的原因：一是由于吊运方法不当，歪拉斜吊，违反

操作安全规程；二是由于起重机械靠近触线端侧没有设置滑触线防护板，致使起升钢丝绳触碰滑触线而带电，导致作业人员触电（电击）。

3）高处坠落

高处坠落主要发生在起重机械安装，维修作业时。

（1）检修吊笼坠落。原因是：一是检修吊笼设计结构不合理（如防护杆高度不够，材质选用不符合规定要术，设计强度不够等）；二是由于检修作业人员操作不当；三是由于检修作业人员没有采取必要的安全防护措施（如系安全带），致使检修吊笼作业人员一起坠落。

（2）跨越起重机时坠落。发生原因是：一是由于检修作业人员没有采取必要的安全防护措施（如系安全带、挂安全绳、架安全网等）；二是由于作业人员麻痹大意，致使发生高处坠落。

（3）安装或拆卸升降塔式起重机的塔身（节）连同作业人员坠落。发生的原因：一是由于塔身（节）设计结构不合理（拆装固定结构存有隐患）；二是由于拆装方法不当，作业人员与指挥配合有误，致使塔身（节）连同作业人员一起坠落。

4）吊物（具）坠落砸人

吊物（具）坠落砸人是起重机械作业中最常见的伤亡事故，其危险性大，后果严重，往往导致人员死亡。发生的原因：

（1）捆绑吊挂方法不当。发生的原因：一是由于打绑钢丝绳间夹角过大，无平衡梁，捆绑钢丝绳被拉断，致使吊物坠落砸人；二是由于吊运带棱角的吊物未加防护板，捆绑钢丝绳被磕断，致使吊物坠落砸人。

（2）吊具有卸陷。发生的原因：一是由于起重机构钢丝绳折断，致使吊物（具）坠落砸人；二是由于吊钩有缺陷（如吊钩变形、吊钩材质不符合要求折断、吊钩组件松脱等），致使吊物（具）坠落砸人。

（3）超负荷工作。发生的原因：一是由于作业人员对吊物的质量不清楚（如吊物部分被埋在地下，冻结地面上，地脚螺栓未松开等），盲目起吊，超负荷拉断吊索绳，致使吊具坠落（甩动）砸人；二是由于歪斜吊导致超负荷而拉断吊具，致使吊物（具）坠落砸人。

（4）过（超）卷扬。发生的原因：一是由于没有安装上升极限位置限制器或限制器失灵，致使吊钩继续上升至卷（拉）断起升钢丝绳，导致吊物（具）坠落砸人；二是由于起升机构的主接触器失灵（如主触头熔接、因机构故障或电磁铁的铁芯磁过大使主触头释放动作迟缓），不能及时切断起升机构，直至卷（拉）断起升钢丝绳，导致吊物（具）坠落砸人。

5）机体倾翻

机体倾翻通常发生在从事露天作业的流动式起重机和塔式起重机中，主要原因是：

（1）风荷作用。主要原因：一是由于露天作业的起重机夹轨器失效；二是由于露天作业的起重机没有防风锚锚定装置或防风锚锚定装置不可靠，当大(台)风到来时，致使起重机被刮倒。

（2）地面不平。主要原因：一是由于吊运作业现场不符合要求（如地面基础松软，有斜坡、坑、沟等）；二是由于操作不当，指挥作业失误，致使机体倾翻。

（3）操作不当。主要原因：一是由于吊运作业现场不符合规定要求（如地面基础松软，有斜坡、坑、沟等）；二是由于支腿架设不符合要求（如支腿垫板尺寸过小，高度过大，材料腐朽等）；三是由于操作不当，超负荷，致使机体倾翻。

25. 起重机作业应注意哪些安全要求?

（1）起重作业时，起重臂和重物下方严禁有人停留、工作或通过。重物吊运时，严禁从人上方通过，严禁用起重机载运人员。

（2）操作人员应按照规定作业。在特殊情况下需超载使用时，必须经过企业技术负责人批准，并有专人在现场监护，方可作业。

（3）严禁使用起重机进行斜拉、斜吊和起吊地下埋设或凝固在地面上的重物以及其他不明重量的物体。现场浇注的混凝土构件或模板，必须全部松动后方可起吊。

（4）起吊重物应绑扎平稳、牢固、不得在重物上堆放或悬挂零星物件。易散落物件应使用吊笼栅栏固定后方可起吊。标有扎绑位置的物件，应标记绑扎后起吊。吊索与物件的夹角宜采用45～60度，且不得小于30度，吊索与物件棱角之间应加垫块。

（5）起吊载荷达到额定起重量90%以上时，应先将重物吊离地面200～500毫米后，检查起重机的稳定性，制动器的可靠性，重物的平稳性，绑扎的牢固性，确认无误后方可继续起吊。对易晃动的重物应拴好拉绳。

（6）重物起升和下降速度应平稳、均匀，不能突然制动。左右回转要平稳，当回转未停稳前不得作反向动作。

（7）严禁起吊重物长时间挂在空中，作业中遇突发故障，应采取措施将重物降落到安全地方，并关闭发动机或切断电源后进行检修。在突然停电时，应立即把所有控制器按到零位，断开电源总开关，并采取措施使重物降到地面。

（8）起重机不得靠近架空输电线路作业。

（9）作业中如遇六级以上大风或阵风，应立即停止作业，将回转机构的制动器完全松开，起重臂应能随风转动。

（10）作业中，操作人员临时离开操纵室时，必须切断电源，锁紧夹轨器。

（11）每班作业前，应检查钢丝绳及钢丝绳的连接部位，对应予报废的钢丝绳立即更换。

26. 起重作业人员应遵守哪些安全规定?

（1）起重工应经专业培训，并经考试合格持有特种作业操作资格证书，方能进行起重操作。

（2）工作前必须戴好安全帽，对投入作业的机械设备必须严格检查，确保完好可靠。

（3）司机接班时，应对制动器、吊钩、钢丝绳和安全装置进行检查。发现性能不正常时，应在操作前排除。

（4）开车前，必须鸣铃或示警。操作中接近人时，也应给予断续铃声或警报。

（5）操作应按指挥信号进行。对紧急停车信号，不论任何人发出，都应立即执行。

（6）现场指挥信号要统一、明确，杜绝违章指挥。

（7）在起重物件就位固定前，起重工不得离开岗位。不准在索具受力或被吊物悬空的情况下中断工作。

（8）当确认起重机上或其周围确认无人时，才可以闭合主电源。当电源电路装置上加锁或有标志牌时，应由有关人员解除后才可闭合主电源。

（9）闭合主电源前，应将所有的控制器手柄扳回零位。

（10）工作中突然断电时，应将所有的控制器手柄扳回零位。在重新工作前，应检查设备装置是否正常。

（11）在轨道上露天作业的起重机，当工作结束时，应将起重机锚定住；当风力大于6级时，一般应停止工作，并将起重机锚定住；对于在沿海地区工作的起重机，当风力大于7级时，要停止工作，并将起重机锚定住。

（12）司机进行维护保养时，要切断主电源并挂上标志牌或加锁。如存在未消除的故障，要告知接班司机。

27. 如何预防起重机械伤害事故?

为预防起重机械伤害事故，必须做到以下几点：

（1）起重作业人员必须经有资格的培训单位培训并考试合格，方能持证上岗。

（2）起重机械必须设有安全装置，如超载限制器、力矩限制器、极限位置限制器、过卷扬限制器、电气防护性接零装置、端部止挡、缓冲器、联锁装置、车轨器和锚定装置、信号装置等。

（3）严格检验和修理起重机机件，如钢丝绳、链条、吊钩、吊环和滚筒等，报废的应立即更换。

（4）建立健全维护保养、定期检验、交接班制度和安全操作规程。

（5）起重机运行时，禁止任何人上、下，也不能在运行中检修。上、下起重机要走专用梯子。

（6）起重机的悬臂能够伸到的区域内不得站人；带电磁吸盘的起重机在工作范围内不得有人。

（7）吊运物品时，不得从有人的区域上空经过；吊物上不准站人；不能对吊挂着的物品进行加工。

（8）起吊的物品不能在空中长时间停留，特殊情况下应采取安全保护措施。

（9）起重机司机交接班时，应对制动器、吊钩、钢丝绳和安全装置进行检查，发现异常时，应当操作前将故障排除。

（10）开车前必须先打铃或报警，操作中接近人时，应给予持续铃声或报警。

（11）按指挥信号进行操作。发生紧急停车信号时，任何人都应立即执行。

（12）确认起重机上无人时，才能闭合主电源进行操作。

（13）工作中突然断电，应将所有控制器手柄扳回零位；重新工作前，应检查起重机是否工作正常。

（14）轨道上露天作业的起重机，在工作结束时，应将起重机锚定；当风力大于 6 级时，一般应停止工作，并将起重机锚定；在沿海地区工作的起重机，当风力大于 7 级时，应停止工作，并将起重机锚定好。

（15）当司机维护保养时，应切断主电源，并挂上标志牌或加锁。如有未消除的故障、应通知接班的司机。

28. 起重搬运作业应注意哪些安全措施?

（1）起重搬运工在作业前应认真检查工具是否完好可靠，不准超负荷作业。

（2）作业时应做到轻装轻卸，堆放平稳，捆扎牢固。

（3）用机动车装运货物时，不得超载、超高、超长、超宽。如有特殊情况，必须超高、超长、超宽装运时，要经过相关部门的批准，并采取可靠的措施和设置明显标志。车辆行驶时，物件和栏板之间不准站人。

（4）使用卷扬机进行滑移货物时，要有专人指挥，卸车或下坡应加保险绳，货物前后和牵引钢丝绳旁不准站人。

（5）装运易燃、爆炸危险货物时，严禁烟火，必须轻搬轻放，严禁与其他物品混装。车厢内不准坐人，不准在车厢顶上或车底下休息。

（6）装卸、搬运粉状物料及有毒物品时，应佩戴必要的防护用品。

第四章　高处作业安全常识

所谓高处作业是指作业人员在以一定位置为基准的高处进行的作业，《高处作业分级》中规定："凡在坠落高度基准面 2 米以上（含 2 米）有可能坠落的高处进行作业，都称为高处作业。"根据这一规定，涉及高处作业的范围相当广泛，在建筑物内作业时，凡在 2 米以上的空中进行操作，都为高处作业。

高处作业划分四个等级：

一级：作业高度 2～5 米，坠落范围半径 2 米。

二级：作业高度 3～15 米，坠落范围半径 3 米。

三级：作业高度 15～30 米，坠落范围半径 4 米。

四级：作业高度 30 米以上，坠落范围半径 5 米。

1. 高处作业主要有哪些类型？

高处作业主要有五种类型：临边作业型、洞口作业型、攀登作业型、悬空作业型、交叉作业型。

1）临边作业型

它是指施工现场工作边面边沿无围护设施或围护设施高度低于 80 厘米的高处作业。

（1）基坑周边、无防护的阳台、料台与挑平台等。

（2）无防护楼层、楼面周边。

（3）无防护的楼梯口和梯段口。

（4）井架、施工电梯和脚手架等的通道两侧面。

（5）各种垂直运输卸料平台的周边。

2）洞口作业型

它是指孔、洞口旁边的高处作业，包括施工现场及通道旁深度在2米及2米以上的桩孔、沟槽与管道孔洞等边沿作业。

洞口作业的范围主要包括工程施工中的“四口”，即楼梯口、电梯井口、预留洞口、通道口。楼板、层面、平台短边尺寸小于25厘米，但大于2.5厘米的孔口必须用坚实的盖板盖设，洞口若没有防护时，就有造成作业人员高处坠落的危险。若不慎将物体从这些洞口坠落，还会引发物体砸击事故。

3）攀登作业型

它是指借助施工结构或脚手架上的登高设施或采用梯子或其他登高设施在攀登条件下进行的高处作业。

攀登作业的范围主要包括在建筑物周围搭拆脚手架，张挂安全网，装卸塔机、龙门架、井字架、施工电梯、桩架、登高安装钢结构构件等作业都属于攀登作业。

进行攀登作业时，作业人员由于没有作业平台，只能攀登在可借助物的架子上作业，用手攀、脚钩或用腰绳来保持平衡，身体重心垂线不通过脚下，作业难度大，危险大，若有不慎就会发生坠落。

4）悬空作业型

它是指在周边临空状态下进行高处作业。其特点是在作业者无立足或无牢靠立足点条件下进行高处作业。

悬空作业的范围主要包括施工中的构件吊装，利用吊篮进行外装修，悬挑或悬空梁板、两棚等特殊部位支拆模板、扎筋、浇混凝土作业都属于悬空作业。由于是在不稳定的条件下施工作业，危险性很大。

5）交叉作业型

它是指在施工现场的上下不同层次，处于空间贯通状态下同时进行的高处作业。

交叉作业的范围主要包括：现场施工时，上部人员搭设脚手架、吊运物料，地面上的人员搬运材料、制作钢筋，或外墙装修

下面人员打底抹灰、上面人员进行两层装饰等都属于施工现场的交叉作业。交叉作业中，若高处作业人员不慎碰掉物料、失手掉下工具或吊运物件散落等都可能砸到下面的作业人员，从而发生物体打击伤亡事故。

2. 高处作业有哪些安全规定？

（1）施工前，应逐级进行安全技术宣传教育，落实所有安全技术措施和个人防护用品，未经落实不得进行施工。

（2）高处作业中的安全标志、工具、仪表、电气设施和各种设备，必须在施工前加以检查，确认其完好，方能移入使用。

（3）悬空、攀登高处作业以及搭设高处安全设施的人员必须按照国家有关规定经过专门的安全作业培训，并取得特种作业操作资格证书后，方可上岗作业。

（4）从事高处作业人员必须定期进行身体检查，诊断患有心脏病、贫血、高血压、癫痫病、恐高症以及体弱、年老人员等，不得从事高处作业。

（5）在高处作业时应戴好安全帽，系好帽带；身穿紧口工作服，脚穿防滑鞋；系好安全带，扣好安全绳，安全绳要高挂低用，切忌低挂高用。

（6）遇到六级以上强风、大雾、雷雨等恶劣气候，不得进行露天悬空与攀登高处作业；夜间登高要有足够的照明；台风暴雨后，应对高处作业安全设施逐一检查，发现有松动、变形、损坏或脱落、漏雨、漏电等现象，应立即修理完善或重新设置。

（7）所有安全防护设施和安全标志，任何人不得损坏或擅自移动和拆除。因作业必须拆除或变动安全防护设施、安全标志的，必须经有关施工负责人同意，并采取相应的可靠措施，作业完毕后立即恢复。

（8）施工中发现高处作业的安全技术设施有缺陷和隐患时，

必须立即报告，及时解决。危及人身安全时，必须立即停止作业。

3. 高处作业应采取哪些安全技术措施？

（1）作业前应检查登高用具是否安全可靠，不得借用设备构筑物、支架、管道、绳索等非登高设施作为登高工具。

（2）作业人员在高处不得抛物，大件工具需要拴牢，防止失落；地面监护人或指挥人员，应和登高作业者统一联络信号，下方设围栏，禁止无关人员进入。如必须交叉作业，上下要设可靠隔离措施或警戒线。

（3）高处作业人员的衣着要符合规定，不得赤膊裸身。脚下要穿软底防滑鞋，决不能穿拖鞋、硬底鞋和带钉易滑的靴鞋。操作时要严格遵守各项安全操作规程和劳动纪律。

（4）高处作业必须与高压电线保持安全跳离或采取相应的安全防护措施。

（5）高处作业所用的物料应该堆放平稳，不可放置在临边或洞口附近，也不可妨碍通行和装卸。

（6）高处作业场所如有坠落的物体，应一律先行撤除或予以固定。所用物件均应堆放平稳，不妨碍通行和装卸。工具应随手放入工具袋，拆卸下的物件及材料和废料应及时清理运走，清理时应采用传递或系绳提溜方式，禁止抛掷。

（7）在石棉瓦上作业时，应用固定跳板或铺孔梯；在层面斜坡、坝顶、吊桥、框架边沿及设备顶上等立足不稳处作业时，应搭设脚手架、栏杆或安全网。

（8）高处预留孔、起吊孔的差板或栏杆不得任意移动或拆除，禁止在孔洞附近堆物。如因检修必须移走时，应有防护措施，施工完毕后及时复原。

（9）脚手架等登高设施必须牢固可靠，应有专人维护，经

常检查。

（10）长梯、人字梯使用前要检查梯身有无缺陷，梯子下脚要有防滑措施；梯子的摆放角度要适当（不大于60度且不小于45度）；登梯时，下面要有人扶住，作业时人体的重心不能外倾；梯子不能放在不稳固的物体上；作业前，人字梯的中间要用绳子拴牢。

（11）高处作业应设置安全通道、梯子、支架、吊台或吊架。楼板、吊台上的作业孔，应设置护栏和盖板。脚手架、斜道板、跳板和交通运输道路，应有消防措施并经常清扫。作业时，应佩戴安全带、安全帽。

4. 高处作业如何预防击伤事故？

高处作业往往容易造成物体如工具、工件、零件等坠落，从而对人员造成的伤害。事故多表现为：

（1）在高处作业中，由于工具、零件、砖瓦、木块等物件从高处掉落伤人。

（2）作业人员乱扔废物。

（3）起重吊袋、拆装、拆模时，物料掉落伤人。

（4）设备带病运行，设备中的物体飞出伤人。

（5）设备运转中，用铁棍捅卡料导致铁棍弹出伤人。

（6）压力容器爆炸时飞出物伤人。

（7）爆破作业中的乱石伤害人。

因此，高处作业时必须做到：

（1）高处作业时，禁止乱扔物料，清理楼内的物料应设溜槽或使用垃圾桶。手持工具和零星物料应随手放在工具袋内，安装、更换玻璃要有防止玻璃坠落措施，严禁乱扔碎片。

（2）吊运大件要使用有防止脱钩装置的吊钩和卡环，吊运小件要使用吊笼或吊斗，吊运长件要绑牢。

（3）高处作业时，对斜道、过桥、跳板要明确专人负责维修、清理，不能存放杂物。

（4）严禁操作带“病”设备。

（5）排除设备故障或清理卡料时，必须停机。

（6）爆破作业前，人员要隐蔽在安全可靠处，无关人员严禁进入作业区。

5. 如何防止高处坠落事故？

（1）作业场所预留孔洞必须加设牢固盖板、围栏或架设安全网。

（2）脚手架的材料和脚手架的搭设必须符合规程要求，使用前必须经过检查和验收。

（3）使用有防滑条的脚手板，钩挂要牢固，禁止在玻璃棚天窗、凉棚、石棉瓦屋顶、屋檐口或其他承受力差的物体上踩踏。

（4）凡施工建筑物高度超过 10 米的，必须在工作面外侧搭设 3 米宽的安全网。

（5）施工人员在高处作业时，必须戴好安全帽，系好安全带。使用安全带前应检查安全带的缝制和钩挂部位是否完好可靠，如发现磨损应及时修理或更换。安全带应系于腹部，挂钩应扣在不低于作业者所处水平位置的固定牢靠处，特别危险场所还要系好安全绳。

（6）使用梯子前应检查强度，特别要注意有无缺档、裂纹、腐蚀和防滑垫。

（7）梯子支撑角度为 75 度左右，支靠时梯子顶端伸出去的长度应为 60 厘米以上。

（8）梯子上下部分应用绳索固定，不能固定时，下面要有人扶住。

（9）作业人员上下梯子时要面朝内，不得以不稳定姿势作

业。

6. 高处作业人员应遵守哪些安全要求?

高处作业中的安全事故绝大多数是高处坠落和物体打击。常见的情形有：身体失稳坠落，架子失稳坠落，杆件失稳坠落，维护残缺坠落，操作失误坠落，架子坍塌坠落，“口”“边”失足坠落，梯子作业坠落等。物体打击，常见的情形有：失手坠落打击伤人，堆放不稳坠落伤人，违章抛投物料伤人，吊运物料坠落伤人等。

高处作业人员的安全要求是：

（1）凡经医生诊断患有高血压、心脏病、严重贫血、癫痫病、恐高症以及其他不适宜从事高处作业病症的人员，不得从事高处作业。

（2）高处作业人员必须按规定穿戴合格防护用品，禁止赤脚、穿拖鞋或硬底鞋作业，使用安全带必须“高挂低用”，挂在作业上部的牢固处。

（3）高处作业人员应从规定的通道上下，不得攀爬井架、龙门架，更不能乘非载人的垂直运输设备上下。

（4）禁止站在栏杆、钢筋骨架、模板及支撑上作业。

（5）禁止在作业时沿屋顶上弦以及未固定的构件行走和作业。

（6）如果遇上大雾、大雨或六级以上大风天气，千万不可冒险进行高处作业。

（7）高处作业时，所设置的防护栏杆、密目网、挡脚板等装置必须完好有效，不得随意破坏。

（8）禁止在防护栏杆、平台和孔洞边缘坐、靠，不得躺在脚手架上或脚手架下方休息。

（9）暂时不用的工具应装入工具袋，随用随拿，用不着的工具和拆下的物料、物件应用系绳溜放到地面，不得随意向下抛掷物品和器具。

（10）夜间及光线不足而需要进行高处作业时，应按要求设置照明设备，使作业人员工作范围内视线清楚。

7. 如何防范矿山开采坠落事故?

1）矿山开采事故原因

（1）作业现场“四口、五临边”防护设施不齐全导致坠落。

（2）脚手架搭设不规范、防护设施不全、脚手架材质或铺设不符合要求导致坠落。

（3）轻质板断裂导致坠落。

（4）提升架失稳导致坠落。

（5）脚手板不满铺或铺设不规范，物料堆设在临边及洞口附近坠落。

（6）作业人员进入施工现场没有按照要求佩戴安全帽。

（7）作业人员没有在规定的安全通道内活动。

（8）作业过程中常用工具没有放在工具袋内，随手乱放。

（9）作业人员从高处随意往下抛掷材料、杂物、建筑垃圾或向上递工具。

（10）拆除工程未设警示标志，周围未设护栏或搭设防护棚。

2）防范高处坠落事故措施

（1）在竖井、天井、溜井和漏斗口上方和距坠落基面 2 米以上的地点下方设坠落保护平台或安全网。作业人员必须系好安全带。吊桶升降人员也要佩戴安全带和保险绳。

（2）当天井、大断面硐室掘进高度超过 8 米时，应设隔板和安全棚，安全棚距不超过 6 米。

（3）天井、溜井和漏斗口必须设有标志、照明、护栏或格筛、盖板。

（4）作业人员上、下梯子的支持点应位于井框横梁上，梯子的倾角不得大于 80 度，平台出口要保证在 0.6 米 ×0.7 米以上。

（5）竖井凿岩下放风水管时，应由上面的人慢慢往下放，下面的人不能拉，以免将筒内或吊盘上的物体碰落伤人。凿岩时，不准任何人乘吊桶至工作面，遇特殊情况时，应停止凿岩，再下吊桶。

（6）井盖门只准吊桶上、下通过时打开，吊桶过后应立即关闭。

（7）在井筒内出碴或凿岩前，要检查临时支护牢固情况，防止围岩受震动滑落伤人。

（8）在天井、竖井上部作业的人员，必须将工具装入工具袋内，几个人同时上、下时，上去时背工具地走在后面，下去时背工具的走在前面。

（9）斜井提升废石或下放物料要有防止物体滚落措施，下面的作业人员听到有物体滚落声时要尽量躲避，不要站在中间向上张望。

8. 搭设脚手架有哪些安全技术要求？

脚手架是建筑施工中不可缺少的高处作业工具，无论结构施工还是室外装修施工，以及设备安装都需要根据操作要求搭设脚手架。

1）脚手架的分类

随着建筑施工技术的进步，脚手架的种类也越来越多。常用的脚手架有扣件式钢管脚手架、门型钢管脚手架、碗扣式钢管脚手架等。此外还有附着升降脚手架、吊篮式脚手架、挂式脚手架等。脚手架的主要作用是能堆放及运输一定数量的建筑材料；可以使作业人员在不同部位进行操作；保证施工作业人员在高空操

作时的安全。

2）对脚手架材料要求

（1）钢管要求。钢管脚手架应采用外径48~51毫米，壁厚2~3.5毫米，无严重锈蚀、弯曲，压扁或裂纹的钢管。应有产品质量合格证，必须涂有防锈漆并严禁打孔，脚手杆件不得钢木混搭。

（2）扣件要求。采用可锻造铸铁制作的扣件，其材质应符合现行GB 15831—2006《钢管脚手架扣件》的规定。新扣件必须有产品合格证。旧扣件使用前应进行质量检查，有裂缝、变形的严禁使用，出现滑丝的螺栓必须更换，不得使用铅丝和其他材料绑扎。

（3）脚手板的要求。脚手板可采用钢、木两种材料，每块重量不宜大于30千克。

钢脚手板，必须有产品质量合格证。板长度为1.5~3.6米，厚2~3毫米，肋高50毫米，宽230~250毫米，其表面锈蚀斑点直径不大于5毫米，并沿横截面方向不得多于3处。脚手板一端应压连接卡口，以便铺设时扣住另一块的端部，板面应冲有防滑圆孔。

木脚手板，应采用杉木或松木制，其长度为2~6米，厚度不小于50毫米，宽230~250毫米，不得使用有腐朽、裂缝、斜纹及大横透节的板材。两端应设直径为4毫米的镀锌钢丝箍两道。

（4）安全网的要求。平网宽度不得小于3米，主网宽（高）度不得小于1.2米，长度不得大于6米，菱形或方形网目的安全网，其网目边长不得大于8厘米，必须使用锦纹、涤纹等材料，严禁使用损坏或腐朽的安全网和丙纹网。密目全网只准做主网使用。

3）搭设脚手架安全要求

（1）脚手架搭设或拆除人员必须符合国家《特种作业人员

安全技术培训考核管理规定》，经培训考核合格，领取《特种作业人员操作证》的专业架子工担任。上岗人员应定期进行体检，凡不适合高处作业者不得上脚手架操作。

（2）搭拆脚手架时，操作人员必须戴安全帽、系安全带，穿防滑鞋。脚下应铺设必要数量的脚手板，铺设应平稳，不能有探头板。

（3）脚手架搭设前，必须制定施工方案和搭设的安全技术措施，进行安全技术交底。对于高大异形的脚手架，应报上级审批后才能搭设。

（4）脚手架搭设安装前应由施工负责人及技术、安全等有关人员先对基础等架体承重部位共同进行验收；搭设安装后应进行分段验收，特殊脚手架须由企业技术部门会同安全、施工管理部门验收。验收合格后应在脚手架上悬挂合格牌，并在脚手架上明示使用单位、监护管理单位和责任人。施工阶段转换时，应对脚手架重新实施验收手续。未搭设完的脚手架，非架子工不准上架。

（5）作业层上的施工载荷应符合设计要求，不能超载，不得在脚手架上集中堆放模板、钢筋等物件，不得放置较重的施工设备（如电焊机等），严禁在脚手架上拉缆风绳和固定，架设模板支架及混凝土泵送管等，严禁悬挂起重设备。

（6）脚手架搭设作业时，应按形成基本构架单元的要求逐排、逐跨和逐步地进行搭设。矩形周边脚手架宜从其中的一个角部开始向两个方向延伸搭设，确保已搭部分稳定。

（7）操作层必须设置1.5米高的两道护身栏杆和18厘米高的挡脚板，挡脚板应与立杆固定，并有一定的机械强度。

（8）临街塔设的脚手架外侧应有防护措施，以防坠物伤人。

（9）不能在脚手架基础及邻近处进行挖掘作业。

9. 在脚手架上作业有哪些安全要求?

(1) 脚手架上作业人员应做好分工和配合，不要用力过猛，以免引起人身或杆件失衡。

(2) 架设材料要随上随用，以免放置不当时掉落，造成伤人事故。

(3) 在搭设作业中，地面上的配合人员应避开可能落物的区域。

(4) 搭设过程中除必要的1～2步架上下外，作业人员不得攀缘脚手架上下，应走房屋楼梯或另设安全人梯。

(5) 在脚手架上进行电气焊作业时，应有防火措施和专人看守。

(6) 在脚手架使用过程中，要定期对脚手架及其地基基础进行检查和维护。特别是下列情况下，必须进行检查：

① 作业层上施工加荷载前；

② 遇大雨和6级以上大风后；

③ 寒冷地区开冻后；

④ 停用时间超过一个月；

⑤ 如发现倾斜、下沉、松扣、崩扣等现象。

(7) 遇大雾及雨、雪天和6级以上大风时，不得进行脚手架上的高处作业。雨、雪天后作业，必须采取安全防滑措施。

(8) 搭拆脚手架时，地面应设围栏和警戒标志，并派专人看守，严禁非作业人员入内。

(9) 工地临时用电线路架设及脚手架的接地、避雷措施、脚手架与架空输电线路的水平与垂直安全距离等应按《施工现场临时用电安全技术规范》的有关要求执行。钢管脚手架上安装照明灯时，电线不得接触脚手架，并要做绝缘处理。

10. 上杆作业应注意哪些安全要求?

（1）上料前应先检查杆基是否牢固，在杆基未完全牢固前，严禁攀登。遇有冲刷、起土或上拔的电杆应先培土加固，支好架杆或打好临时拉绳后再行上杆；凡导线或拉线松动的电杆应先检查杆根，并打好临时拉线后再上杆。

（2）上杆前应先检查登杆工具，如脚扣、踏板、安全带、梯子等是否完整、牢靠。

（3）在电杆上作业时，必须使用安全带和戴安全帽。安全带应系在电杆及牢固的构件上，不得系在横担或电杆顶梢上，防止横担不牢、断裂及安全带从杆顶脱出。系好安全带后必须检查扣环是否扣牢，杆上作业转位时，不得失去安全带保护。

（4）杆上有人作业时，不得调整或拆除拉线；安装横担时应检查横担是否牢固、良好，安全带应系在主杆上；使用梯子时，要有人扶持或绑牢。

（5）现场工作人员戴好安全帽，防止杆上掉东西。作业使用的工具、材料均应用绳索传递，不能乱扔。杆下严禁行人逗留。

（6）遇有大雾、雷雨或大风时，严禁在电杆上作业。

11. 高空垂直运输作业应注意哪些安全措施?

常用的垂直吊运设备有物料提升机（龙门架、井字架）、外用电梯（人、货两用电梯）和塔吊等。

（1）物料提升机（龙门架、井字架）在施工中仅供提升建筑材料、小型设备、门窗、灯具以及混凝土构件使用，严禁载人上下。

（2）龙门架、井字架的进料平台口必须加防护门，防止吊篮运行中物料坠落伤人。

（3）搭设防护棚时，要沿通道两侧挂密目网封闭，防止吊篮运行中有人从棚外进入架体中，以免吊篮坠落或物料坠落伤人。施工人员不得在平台上休息。

（4）龙门架、井字架运行作业中禁止穿越、攀登或检修；发生故障时，应立即停止运行，拉闸检修，修好后才能继续运行。

（5）提升物料时，运散料应装箱或装笼；运长料不得超出吊篮；在吊篮内，应捆绑牢固，防止坠落；吊篮内物料要摆放均匀，防止提升时重心偏移；龙门架、井字架的风缆绳必须拴在专用的地锚上，不得拴在树上、电线杆上或不符合要求的其他物体上，不准随意拆除。

（6）外用电梯作业时，要限空载人员数量及载物重量，标牌应悬挂在明显处，以提醒乘梯人员及运送物料不能超载。

（7）乘梯人等候乘电梯时，不能将头伸出栏杆和安全门外，不能以榔头、铁件、混凝土块等敲击电梯立杆的方式呼叫。严禁攀爬外用电梯。

（8）塔吊吊装物料时，应对索具进行检查，符合要求才能使用。吊散料要装箱装笼。吊长料要捆绑牢固，先试吊吊索和重心，使吊物平衡。塔吊在吊运过程中，任何人不准上、下塔吊，更不准作业人员随吊物上升。吊装提升前，指挥、司索和配合人员应撤离，防止吊物坠落伤人。严禁攀爬塔吊，保证塔吊行走轨道畅通。

12. 高处拆除作业应注意哪些安全措施?

拆除施工作业的基本要求是自上而下，先拆非承重部分，后拆承重部分，确保拆除部分的稳定。

（1）拆除施工前，应将电线、燃气管道、水管、供热设备

等干线与该建筑物的支线切断或迁移。

（2）拆除作业应严格按拆除方案进行。拆除现场周围应设禁区围栏、警戒标志，派专人监护，禁止非拆除人员进入施工现场。拆除建筑物应从上而下依次进行，禁止数层同时进行，禁止掏挖。

（3）不准将墙体倒在楼板上，防止将楼板压塌，发生事故。拆下的物料，不准向下抛掷，拆除较大的构件要用吊绳或起重机吊下运走，散碎材料用溜放槽溜下，清理运走。

（4）墙体必须推倒时，应按规定制定安全措施，推动前，发出信号，作业人员避至安全地带，才准进行。

（5）在实施爆破拆除区，要划定警戒区，设禁区围栏、警戒标志，派专人监护。要听从爆破指挥人员的指挥，在警报解除前，不得擅自穿越爆破警戒线。

（6）爆破工程应由具有资格的特种作业人员操作，从事配合工作的辅助人员不能从事装药、引爆等作业。

13. 模板施工应注意哪些安全措施？

为建造各种钢筋混凝土构件，在浇灌混凝土前，应按照构件的形状和规格安装坚固的模板，以确保混凝土浇灌作业的顺利进行，待混凝土达到设计规定的强度时，方可拆除模板。

（1）安装模板应该按照规定的程序进行，本道工序模板未固定之前，不能进行下一道工序施工。模板的支撑必须支撑在牢靠处，底部用木板垫牢，不准使用脆性材料铺垫。

（2）在下部模板未达到强度要求的情况下，支撑上层楼板时，下层的模板支柱不能提前拆除。为保证模板的稳定性，除按规定加设方柱外，还应在沿立栓的纵向及横向加设水平支撑和剪刀撑。

（3）支模时，要上下层立柱在同一垂直线上，使其受力合理。当模板高度在4米以上时，施工人员应在操作平台上工作。不足4米的，可在高凳上作业。不准站在模板上、钢筋上作业或在梁底模板上行走，更不准从模板的支撑杆上下攀登。

（4）绑扎钢筋或安装钢筋骨架时，必须在操作平台上作业，施工人员上下时必须在斜道上行走，不得在钢筋骨架上工作或上下攀登。

（5）浇筑离地2米以上的框架、过梁、雨罩、水平台混凝土时应在操作平台上作业，不准直接站在板上和支撑杆上作业。

（6）大模板堆放应有固定的堆放架，必须成对、面对面存放，防止碰撞或大风吹倒。在拆除模板时，应注意模板的稳定性，防止碰撞。

（7）模板拆除前，必须确认混凝土强度已经达到要求，经工地负责人批准，方可进行拆除。拆除模板时应按照规定的顺序进行，并有专人指挥。高处拆除的模板和支撑，不准乱扔乱放。

（8）拆除现场要有专人负责监护，禁止无关人员进入拆模现场。禁止拆模人员在上下同一垂直面上作业，防止发生人员坠落和物体打击事故。

（9）不准采用大面积撬落的方法拆除钢模板。

（10）大面积模板拆除前，应在作业区周边没围栏和醒目标志。拆下的模板应及时清理、分别堆放。不能留有悬空模板，防止突然落下伤人。

14. 施工电梯作业应注意哪些安全措施?

施工电梯也称外用电梯，或（人、货两用）施工升降机，是高处作业的主要机械设备。

（1）施工电梯投入使用前，应在首层搭设出入口防护棚，防护棚应符合有关高处作业规范。

（2）电梯在大雨、大雾、六级以上大风以及导轨架、电缆等结冰时，必须停止使用，并将梯笼降到底层，切断电源。暴雨后，应对电梯各安全装置进行一次检查，确认正常，方可使用。

（3）电梯底笼周围2.5米范围处，应设置防护栏杆。

（4）电梯各出料口运输平台应平整牢固，同时安装牢固可靠的栏杆和安全门，使用时安全门应保持关闭。

（5）电梯使用应有明确的联络信号，禁止用敲打、呼叫等方式联络。

（6）乘坐电梯时，应先关好安全门，再关好梯笼门，再启动电梯。

（7）梯笼内乘人或载物时，应使载荷均匀分布，不得偏重，严禁超载运行。

（8）等候电梯时，应站在建筑物内，不能聚集在通道平台上，也不能将头、手伸出栏杆和安全门外。

（9）电梯每班首次载重运行时，当梯笼升离地面1～2米时，应检验制动器的可靠性；当发现制动效果不良时，应调整或修复后方可投入使用。

（10）操作人员应根据指挥信号操作，作业前应鸣声示意。在电梯未切断总电源开关前，操作人员不得离开操作岗位。

（11）施工电梯发生故障时，要及时处理。

① 当运行中发现有异常情况时，应立即停机并采取有效措施将梯笼降到底层，排除故障后方可继续运行。

② 在运行中发现电气失控时，应立即按下急停按钮，在未排除故障前，不得打开急停按钮。

③ 在运行中发现制动器失灵时，可将梯笼开到或下滑底层维修，或者让其下滑防坠安全器制动。

④ 在运行中发现故障时，不可惊慌，电梯的安全装置将提供可靠的保护，听从专用人员的安排，或等待修复，或按专业人员的指挥撤离。

（12）作业结束后，应将梯笼降到底层，各控制开关拨到零位，切断电源，锁好开关箱，闭锁梯笼门和围护门。

15. 高处抹灰作业应注意哪些安全措施？

（1）室内抹灰使用的木凳、金属支架应搭设平稳牢固，脚手架跨度不得大于 2 米。架上堆放材料不得过于集中，在同一跨度内不应超过两人。

（2）不准在门窗、散热器、洗脸池等器物上搭设脚手板。阳台部位粉刷，外侧必须挂设安全网。严禁踩踏在脚手架的护身栏杆和阳台样板上进行操作。

（3）机械喷灰喷涤应戴防护用品，压力表、安全阀应灵敏可靠，输浆管各部接口应拧紧卡牢。管路摆放要垂直，避免折弯。

（4）输浆应严格按照规定压力进行，在超压或管道堵塞时，应卸压检修。

（5）贴面使用预制件、大理石、瓷砖等，应堆放整齐平稳，边用边运。安装要稳拿稳放，待灌浆凝固稳定后，方可拆除临时支撑。

（6）使用磨石机，应戴绝缘手套；穿胶靴，电源不得破皮漏电；金刚砂块安装必须牢固，经试运转正常、方可操作。

16. 使用梯子作业应注意哪些安全要求？

（1）梯子是建筑施工中常使用的高处作业工具。梯子一定要坚实牢固，并指定专人负责管理，定期检查，发现缺陷及时修理。

（2）使用时应有人监护。不可将梯子架靠在不牢固的支撑物上勉强使用。要放置牢靠、平稳，着力不应有所侧重。禁止在

不稳固或容易移动和滑动的物件上使用。

（3）在通道上使用梯子时，一定要有人监护或设置临时围栏。不准将梯子放在门前使用，否则应采取防止门突然推开的措施，以防倒梯发生人身事故。

（4）上梯工作时，梯子与地面的斜角宜为 60 度左右；工作人员必须登在距梯顶不小于 1 米的梯蹬上工作；防止梯子设置过陡或歪斜而造成重心不稳、翻倾而致人员摔跌。

（5）人在梯子上工作时，严禁移动梯子；不准两人同登一梯作业；禁止在悬吊式的脚手架上搭靠梯子进行工作；靠在电线或管道上使用时，上部应有牢固的挂钩。

（6）梯子两脚均应包扎厚布或套上橡胶套，以防使用中滑动甚至滑倒；要将梯子下端与附近固定物绑牢，以防止滑跌。

（7）人字梯顶端的铰链应牢固可靠，并要有限制开度链子或锦纹绞绳；梯子支栓要有足够强度，要能保证承受作业人员携带工具或器件攀登及进行工作时的总荷重。

第五章 易燃易爆作业安全常识

易燃易爆品是指具有爆炸、易燃、毒害等危险性质，在运输、装卸、生产、使用、储存、保管过程中，在一定条件下能引起燃烧、爆炸，从而导致人身伤亡和财产损失等事故的物品。目前常见常用的约有 2200 余种。主要包括爆炸品、氧化剂、有机过氧化物等。易燃易爆物品是许多作业场所不可或缺的生产原料，但是易燃易爆物品又具有极大的危险性，一旦发生火灾爆炸事故，往往危害大、影响大、损失大，扑救困难。因此，防火、防爆是安全生产的一项十分重要的工作。

1. 引起易燃易爆的点火源有哪些?

点火源是引起火灾和爆炸事故的重要因素。为了预防火灾和爆炸，要对点火源进行严格管理。引起火灾、爆炸常见的点火源有以下 8 种：

（1）明火。倒火炉、烟道喷出火星、气焊和电焊喷火等。

（2）高热物及高温表面。加热装置、高温物料的输送管、冶炼厂或铸造厂里熔化的金属等。

（3）电火花。高电压的火花放电、开关电闸时的弧光等。

（4）静电火花。液体流动引起的带电、人体的带电等静电火花。

（5）摩擦与撞击。机器上轴承转动的摩擦；磨床和砂轮的摩擦；铁器工具相撞等。

（6）物质自行发热。油纸、油布、煤的堆积，金属钠接触水发生反应等。

（7）绝热压缩。硝化甘油液滴中含有气泡时，被锤击受到绝热压缩，瞬间升温，可使硝化甘油液滴加热至点火而爆炸。

（8）化学反应热及光线和射线等。

2. 使用易燃易爆物品有哪些安全要求？

（1）在制造、使用易燃易爆物品的建筑物内，电气设备应为防爆型的。电气装置、电热设备、电线、保险装置等都必须符合防火要求。

（2）易燃易爆物品的存放量不得超过一昼夜的用量，不能放在过道上，不能靠近热源及受日光曝晒。

（3）制造和使用易燃体、可燃气体时，禁止使用明火蒸馏或加热，应使用水浴、油浴或蒸汽浴，使用油浴时，不得用玻璃器皿作浴锅；操作中应经常测量油浴的温度，不得让油温接近燃点。

（4）各种易燃可燃气体、液体的管道，不能有跑、冒、漏、滴现象。检查漏气时严禁用明火试验。气体钢瓶不得放在热源附近，或在日光下曝晒，使用氧气时禁止与油脂接触。

（5）强氧化剂不能与可燃物质接触、混合。经易燃液体浸渍过的物品，不得放在烘箱内烘烤。

（6）易燃物品的残渣（如钠、白磷、二硫化碳等）不准倒入垃圾箱内和污水池、下水道内，应放置在密闭的容器内或妥善处理。沾有油脂的抹布、棉丝、纸张，应放在有盖的金属容器内，不能乱扔乱放，防止自燃。

（7）作业完毕后工作场所要收拾干净，关闭可燃气体、液体的阀门，清查危险物品并封存好，清洗用过的容器，断绝电源，关好门窗，经详细检查确保安全时，方可离去。

（8）制造、使用易燃易爆物品的车间，耐火程度要高，出入口一律不能少于两个，门窗向外开。在建筑物内外适宜的地方放置灭火工具，如二氧化碳、干粉灭火器和沙箱等。

3. 储存保管易燃易爆物品有哪些安全制度规定?

（1）“五双”制度。“五双”即双人保管、双把锁（匙）、双本账、双人发货、双人领用。易燃易爆物品的发放要严格按规定执行。

（2）严格遵守出入库房登记制度。无论何人进出库区都要详细登记。

（3）坚持安全检查制度。检查要分工，职责明确，记录详细，及时整改。

（4）清点账物制度。保管员每周清点，保卫和物资部门每月清点，发现问题及时上报。

（5）禁止烟火制度。进库人员必须交出火种。机动车入库，排气管必须装有火星熄灭器。禁止拖拉机进入库区。

（6）安全操作制度。搬运装卸及堆装爆炸物品必须轻装轻卸、轻拿轻放，严禁摔损撞击，开箱应使用不会产生火花的工具，并应在专门的发放时间内进行。

4. 防火防爆应掌握哪些安全措施?

（1）从事易燃易爆作业的人员必须经主管部门进行消防安全培训，并经考试取得合格证者方可上岗。

（2）严格执行生产经营单位制定的防火防爆规章制度，禁止违章作业。

（3）应在指定的安全地点吸烟，严禁在易燃易爆作业（生产、使用、运输、储存）时或在易燃易爆储存场所吸烟或乱扔烟头等火种。

（4）生产、使用、运输、储存易燃易爆物品时，必须严格遵守安全操作规程，禁止盲目乱干。

（5）在工作现场动用明火时，要报主管部门批准同意，并做好安全防范工作。严禁在工作现场随便动用明火。

（6）对于在工作现场内配备的一般性防火防爆器材，应学会使用，严禁随便挪用或损坏。

（7）一旦发生火灾、爆炸，作业人员千万不要惊慌失措，应立即通知附近的人员，组织投入灭火抢救工作，同时迅速报警。

① 火警电话打通后，应讲清着火单位，所在区县、街道、厂址等详细地点。

② 要讲清什么东西着火，起火部位，燃烧物质和燃烧情况，以及火势态势。

③ 报警人要讲清自己的姓名、工作单位和电话号码。

④ 报警后要派专人在街道路口等候消防车到来，指引消防车去往火场，以便迅速、准确地到达起火地点。

（8）对于使用的电气设施，如发现绝缘破损、严重老化、大量超负荷以及不符合防火防爆要求时，应停止使用，并报告领导给予解决。不得带故障运行，防止发生火灾、爆炸事故。

（9）消防器材应有专人负责管理和保养。

（10）消防器材要专物专用，不能用与消防无关的事情。

（11）要定期检查保养器材，检查存放地点是否适当，机件是否损坏或出现故障，灭火药剂是否过期等。消防器材使用后，要及时保养、补充，对机动消防车，要经常发动、定期试车，保持性能良好。

（12）消防器材应设置在明显的地方，设立标志，便于取用。消防器材附近不能堆放杂物，保持道路畅通。

5. 为什么有些火灾不能直接用水扑救?

俗话说水火不相容，但自然界就有这种物质，沾水就能着火，这是为什么？原来，遇水着火的物质与水接触时能发生化学反应，并产生可燃气体和热量而引起燃烧。

（1）碱金属和碱土金属。例如锂、钠、钾、钙、锶、镁等，它们与水反应生成大量的氢气，遇点火源时就会燃烧爆炸。

（2）氢化物。氢化钠与水接触能放出氢气并产生热量，从而使氢气自燃。

（3）碳化物。碳化钙、碳化钾、碳化钠等。碳化钙（电石）与水接触能生成乙炔，这种气体易燃烧爆炸。

（4）磷化物。磷化钙、磷化锌等，它们与水作用生成磷化氢，而这种气体在空气中能够自燃。

所以，遇到这类物质，一定要格外小心。

6. 什么是危险化学品安全标签?

危险化学品安全标签是用爆炸品、压缩气体和液化气体、易燃液体、易燃固体、自燃物品和遇湿易燃物品、氧化剂和有机过氧化物、毒物品和腐蚀品以及其他对人体和环境具有危害的化学品安全提示的标签。主要包括以下内容：

1）化学品有害成分标志

（1）名称。用中文和英文分别标明化学品的通用名称。名称要求醒目清晰，位于标签的正上方。

（2）分子式。用元素符号和数字表示分子中各原子数，在名称的下方。

（3）化学成分及组成。标出化学品的主要成分和含有的有

害组分、含量或浓度。

（4）编号。标明联合国危险货物编号和中国货物编号，分别用 UN－No 和 GNNo. 表示。

（5）标志。标志采用联合国《关于危险货物运输的建议书》和 GB 13690 规定的符号。每种化学品最多可选用两个标志。标志符号居标签右边。

2）警示词

根据化学品的危险程度和类别，用“危险”“警告”“注意”三个词分别进行危害程度的警示。当某种化学品具有两种及两种以上的危险性时，用危险性最大的警示词。警示词位于化学品标志的下方，要求醒目、清晰。

3）危险性概述

简要概述化学品燃烧爆炸危险特性、健康危害和环境危害。居警示词下方。

4）安全措施

表述化学品在处置、搬运、储存和使用作业中所必须注意的事项和发生意外时简单有效的救护措施等，要求内容简明扼要、重点突出。

5）灭火

化学品为易（可）燃或助燃物质，应提示有效的灭火剂和禁用的灭火剂以及灭火注意事项。

6）批号

（1）注明生产日期及生产班次。生产日期用××××年××月××日表示，班次用××表示。

（2）提示向生产销售企业索取安全技术说明书。

（3）生产企业名称、地址、邮编、电话。

（4）应急咨询电话。

7. 发生危险化学品火灾时应采取哪些紧急处置措施?

危险化学品容易发生火灾、爆炸事故，不同性质的危险化学品在不同的情况下发生火灾时，其扑救方法差异很大，若处置不当，不仅不能有效扑灭火灾，反而会使险情进一步扩大，造成不应有的人员、财产损失。由于危险化学品本身及其燃烧物大多具有较强的毒害性和腐蚀性，极易造成人员中毒、灼伤等伤亡事故，因此扑救危险化学品火灾极其艰巨和危险。

发生危险化学品火灾后，首先要弄清着火物质的性质，然后正确地实施扑救。

(1) 扑救人员应站在上风或测风位置，以免遭受有毒有害气体的侵害。

(2) 应有针对性地采取自我保护措施，如佩戴防护面具、穿戴专用防护服等。

(3) 扑救可燃和助燃气体火灾时，要先关闭管道阀门，用水冷却其容器、管道，再用干粉灭火器或沙土扑灭火焰。

(4) 扑救易燃和可燃液体火灾时，可用泡沫、干粉、二氧化碳灭火器扑灭火焰，同时用水冷却容器四周，防止容器膨胀爆炸。但遇到易溶于水的醇、醚、酮等易燃液体火灾，应该用抗容性泡沫灭火剂扑救。

(5) 扑救易燃和可燃固体火灾，可用泡沫、干粉、二氧化碳灭火器或沙土、雾状水灭火。

(6) 人体沾上油火时，如果身上的衣服能撕脱下来，应尽可能迅速撕脱；当衣服来不及脱时，可就地打滚把火压灭。

(7) 一旦沾上油火，不能惊慌失措或急于找人解救而拔腿就跑。如果人一跑，着火的衣服得到充足的新鲜空气，火势就会更加猛烈地燃烧起来，形成流动的火源，造成火势扩散。

（8）尽量避免用灭火器直接向人身上喷射，以免对人体造成伤害。

8. 装运危险化学品应遵守哪些安全规定?

危险化学品的装运不同一般的货物运输，它具有较大的安全隐患。因此，运输危险化学品的驾驶员、装卸人员和押运人员必须了解所运载的危险化学品的性质、危险特性，了解发生意外时的应急措施，配备必要的应急处理器材和防护用品。

（1）运输危险化学品的车辆应专车专用，并有明显标志。

（2）托运危险化学物品必须出示有关证明，到指定的铁路、交通、航运等部门办理手续。托运物品必须与托运单上所列的物品相符。

（3）危险化学品的装卸和运输人员，应按装运危险品的性质，佩戴相应的防护用品，装卸时必须轻装、轻卸，防止撞击、拖拉倾倒。严禁摔、拖、重压和摩擦，不能损毁包装容器，并注意标示，堆放稳妥。

（4）危险化学品装卸前，应对车（船）进行必要的通风和清扫，不能留有残渣，对装有剧毒物品的车（船），卸后必须洗刷干净。

（5）碰撞、相互接触容易引起燃烧、爆炸和造成其他危害的危险化学品，以及化学性质与防护、灭火方法相互抵触的危险化学品，不得违反配装限制，不能混合装运。

（6）装运易爆炸、剧毒、放射性物品或易燃液体、可燃气体时，必须使用符合安全要求的运输工具。禁止用电瓶车、翻斗车、铲车、自行车等运输易爆炸物品。运输强氧化剂、爆炸品时，不宜用铁底板车及汽车挂车；禁止用叉车、铲车、翻斗车搬运易燃、易爆液化气体等危险物品；温度较高地区装运液化气体和易燃液体等危险物品，要有防晒设施；遇水燃烧物品及有毒物品，禁止用小型机帆船、小木船和水泥船承运。

(7) 遇热、遇潮容易引起燃烧、爆炸或产生有毒气体的危险化学品，在装运时应采取隔热、防潮措施。

(8) 运输易爆炸、剧毒和放射性物品，应指派专人押运，押运人不得少于2人。

(9) 运输危险物品的车辆，必须保持安全车速，保持车距，严禁超车、超速和强行会车。要按公安交通管理部门指定的路线和时间运输，不可在繁华街道行驶停留。

(10) 运输易燃易爆物品的机动车，其排气管应装阻火器，并悬挂“危险品”标志。

(11) 运输散装固体危险物品，应根据性质采取防火、防爆、防水、防粉尘飞扬和遮阳等措施。

(12) 装运危险化学品时不得人货混载。禁止无关人员搭乘装运危险化学品的车辆。装运危险化学品的车辆通过市区时，应当遵守所在地公安机关规定的行车时间和路线，中途不得随意停车。

9. 危险化学品储存时应注意哪些安全要求?

一些危险化学品因其化学性质处于不平稳状态，在存放时易受环境影响，从而发生爆炸、燃烧、泄漏等事故。因此在储存时要特别注意安全。

(1) 危险化学品应当储存在专门地点，不能与其他物资混合储存。

(2) 危险化学品应该分类、分堆储存，堆垛不得过高、过密，堆垛之间以及堆垛与墙壁之间，应该留出一定的间距、通道及通风口。

(3) 互相接触容易引起燃烧、爆炸的物品及灭火方法不同的物品，应该隔离储存。

（4）遇水容易发生燃烧、爆炸的危险化学品，不得存放在潮湿或容易积水的地点。受阳光照射容易发生燃烧、爆炸的危险化学品，不得存放在露天或者高温的地方，必要时还应采取降温和隔热措施。

（5）容器、包装要完整无损，如发现破损、渗漏，必须立即进行安全处理。

（6）性质不稳、容易分解和变质，以及混有杂质而容易引起燃烧、爆炸的危险性化学品，应该按规定进行检查、测温、化验，防止自燃及爆炸。

（7）不准在储存危险化学品的库房内或露天堆垛附近进行试验、分装、打包、焊接和其他可能引起火灾的操作。

（8）在危险化学品储存区动火必须遵守以下原则：

① 动火应严格执行安全用火管理制度，做到“三不动火”，即没有批准火票不动火，安全监护人员不在场不动火，防火措施不落实不动火。

② 在正常生产装置内，凡是可动可不动火的一律不动；凡能拆下来的一律拆下来，移到安全区域动火；节假日不影响正常生产的用火一律禁止。

③ 凡在生产、储存、输送可燃物料的设备、容器、管道上动火，应首先切断物料来源，加好盲板，经彻底吹扫、清洗、置换后，打开人孔，通风换气，并经分析合格后，才可动火。

④ 用火审批人必须亲临现场，落实防火措施后，方可签发火票。一张火票只限“一处”“一次”有效。

⑤ 动火人和安全监护人在接到动火证后，应逐项检查防火措施的落实情况，防火措施不落实或防火监护员不在场，动火人有权拒绝动火。

（9）库房内不得住人。工作结束时，应进行防火检查，切断电源。

10. 如何防范瓦斯和煤尘爆炸？

瓦斯是无色、无味、无臭的气体，当气体达到一定浓度时，能使人因缺氧而窒息，还可能发生燃烧或爆炸，造成重大人员伤亡和财产损失。

（1）爱护监测监控设备。不得擅自调高监测探头的报警值，不能破坏瓦斯监测探头或用泥巴、煤粉及其他物品将瓦斯监测探头封堵上。

（2）爱护井下通风设施。通过风门时，要立即随手关好，不能将两道风门同时打开，以免造成风流短路。发现通风设施破损、工作不正常或风量不足时，要及时报告，并修复处理。

（3）局部通风机应由专人负责管理，其他人不可随意停开。

（4）用矿井通风和控制瓦斯涌出等方法（如瓦斯抽放，加强通风等），防止瓦斯浓度超过规定。

（5）当采区回风巷、采掘工作面回风巷风流中的瓦斯浓度超过1%或二氧化碳超过1.5%时，必须停止作业，从超限区域撤出。当采掘工作面及其他作业地点风流中、电动机或其开关安设地点附近20米以内风流中的瓦斯浓度达到1.5%时，必须停止作业，从超限区域撤出。

（6）控制火源，消灭电气失爆，杜绝非生产需要的火源。井下严禁吸烟，携带火柴、打火机等点火物品入井或明火照明等。

（7）井下不能随意拆开、敲打、撞击矿灯，不准带电检修、搬迁电气设备，更不能使用明刀闸开关。

（8）对生产中不可避免的高温热源，应采取专门措施严加控制，只准使用特制的矿用安全炸药和电气设备，加强井下火压管理，禁止井下拆开矿灯等。

（9）配备足够数量专职瓦斯检查人员加强检查，配备矿井

瓦斯在线监测系统的浓度和通风状况设备。

（10）爆破作业必须严格执行“一炮三检”制度（装药前、爆破前、爆破后检查瓦斯浓度），爆破地点 20 米以内风流中的瓦斯浓度达到 1% 时，严禁装药、爆破；井下爆破作业必须使用专用发爆器，严禁使用明火、明刀闸开关、明插座爆破；炮眼必须按规定封足炮泥，使用水炮泥，严禁使用煤粉或其他易燃物品封堵炮眼，无封泥或封泥不足时严禁爆破。

（11）观察到有煤尘与瓦斯突出征兆时，要立即停止作业，从作业地点撤出，并报告有关部门。

（12）实施煤层注水、湿式打眼、使用水炮泥、喷雾洒水，冲洗巷道等综合防尘措施。在井下工作时要爱护井下防尘设备设施，不要随意拆卸、损坏。

11. 如何预防矿井火灾事故？

矿井火灾按引起的热源分内因火灾和外因火灾。内因火灾主要是指煤炭自燃引起的火灾；外因火灾是指产生高温或明火的器材设备因使用不当，点燃易燃物而造成的火灾。

1）预防煤炭自燃措施

（1）选择正确的开拓开采方法。合理布置巷道，减少矿层切割量，留足尺寸的煤柱，防止压碎，提高回采率，或回采速度。

（2）采用合理的通风系统。正确设置通风构筑物，减少采空区和矿检裂隙的漏风，工作面采完后要及时封闭采空区。

（3）预防性灌浆。在地面或井下用土制成泥浆、通过钻孔和管道灌入采空区，泥浆包裹碎矿、煤表面，隔绝空气，防止氧化发热。还可边采边灌，或先采后灌。

（4）内压防火。用调节风压方法以降低漏风风路两侧压差，减少漏风，抑制自燃。调压方法有风窗调节、辅扇调节、风窗—

辅扇联合调节、调节通风系统等。

(5) 阻化剂防火。使用防止矿石氧化的化学制剂，如 $CaCl_2$、$MgCl_2$ 等，将其溶液灌注到可能自燃的地方，在碎矿石或碎煤表面形成稳定的抗氧化保护膜，降低矿石或煤的氧化能力。

2）预防外因火灾措施

（1）煤矿井下禁止吸烟和明火照明。

（2）电气设备和器材的选择、安装与使用，必须严格遵守有关规定，配备完善的保护装置。

（3）机械运转部分要定期检查，防止因摩擦产生高温，采煤机械截割部必须有完善的喷雾装置，防止与瓦斯或煤尘接触。

（4）易燃物和炸药、雷管的运送、保管、颁发和使用，均应严格遵守有关规定。

（5）尽量用不燃材料代替易燃材料。

（6）一些主要巷道和配电室必须使用不燃性材料。

（7）在必要地点设防火门。

3）预防井下火灾措施

（1）不能在井下用灯泡取暖和使用电炉、明火。

（2）没有得到批准，不得从事电、气焊作业。

（3）不能将剩油、废油随意泼洒，不能将用过的棉纱、布头和纸张等易燃物品随意丢弃。

（4）学会使用灭火器具，掌握灭火知识。

（5）在发生火灾初时，若火势不大，可直接组织身边人员灭火；若火灾范围大或火势猛，现场人员无力抢救且自身安全受到威胁时，应迅速戴好自救器，听从指挥撤离灾区。

4）灭火方法

（1）火灾初起时，可用水、砂或化学灭火器直接灭火，及时消除火源。

（2）火势较大，不能接近火源时，可用高倍数泡沫灭火器

灭火。

（3）在采空区内发生自燃火灾，或井巷中发生火灾，无法直接灭火时，可用隔绝灭火法。在火源进、回风两侧合适地点修筑密闭墙，可使火源缺氧熄灭。常用的封闭材料有泥、木、砖、石等。或用液态高分子材料就地发泡，或用塑料、橡胶气囊充气修筑临时密闭墙。

（4）有瓦斯涌出的火区，要考虑发生瓦斯爆炸的危险，通常应先用、土袋修筑隔爆墙，在其掩护下建立密闭墙。

（5）火区封闭后，少量漏风使火区内氧浓度维持在3%～5%时，火源可能长期阴燃不熄，可采用综合灭火法。向封闭的火区灌注黄泥浆，也可灌注 N_2 或 CO_2。

12. 矿工井下作业为什么不能穿化纤衣物？

化纤衣服会产生静电，这在井下作业是很大的安全隐患，容易引起火灾或瓦斯爆炸，因此农民工一定不要穿化纤衣物进入矿井。

化纤衣服主要有：

（1）涤纹。属于聚酯纤维，具有优良的弹性和回复性，不起皱，保形性好，强度高，弹性又好，经久耐穿并有优良的耐光性能，但容易产生静电和吸尘吸湿性差。

（2）锦纹。为聚酰胺纤维，也称尼龙，染色性较好，穿着轻便，又有良好的防水防风性能，耐磨性高，强度弹性都很好。

（3）丙纹。外观像毛绒线或棉，有蜡状手感和光泽，一般不起皱，比重小，轻，服装舒性好，能更快传递汗水使皮肤保持舒适感，强度耐磨性比较好，不耐高温。

（4）氨纹。具有优良弹性，手感平滑，吸湿性小，有良好耐气候和耐化学品性能，可机洗，耐热性差。

（5）维纹。织物外观和手感似棉布，弹性不佳，比重和导热系数小，穿着轻便保暖，弹度耐磨性较好，结实耐穿。

（6）腈纹。柔软、保暖、强力好的特性，表面平整，结构紧密，不易变形。

（7）黏胶。以木材、棉短绒芦苇等天然纤维素化学材料加工而成，具有天然纤维性能，染色性能好，牢度好，织物柔软，吸水性好，穿着凉爽，不易产生静电、起毛和起球。

（8）醋酯纤维。有丝绸的风格，穿着轻便舒适，有良好的弹性和恢复性能，不宜水洗，色牢度差。

（9）天丝。有天然纤维特性，吸湿性能强，丝质滑爽、染色鲜艳，不怕洗涤、日晒，不易起球。

13. 烟花爆竹生产作业中应注意哪些安全措施？

爆竹制作是生产过程中最重要的环节，由于烟花爆竹属于易燃易爆品，生产制作过程必须谨慎小心，稍有不慎就会引起爆炸或起火灾，造成人员伤亡和财产损失。

（1）任何爆竹产品不得使用含有氯酸钾的烟火药。

（2）装药工序的生产厂房要单人单间，每间厂房的使用面积不得少于3.5平方米，并由专人负责领药、发药、清运半成品和成品。

（3）领药量应有限制，黑火药不得超过5千克，含高氯酸钾的烟火药不得超过1.5千克。

（4）单个爆竹产品的装药量要严格把握，硝酸盐炮类大炮不得超过2.0克，中炮不得超过1.0克，小炮不得超过0.2克；高氯酸盐炮类大炮不得超过0.6克，中炮不得超过0.3克，小炮不得超过0.15克。

（5）装药工具应采用木、铜、铝或其他不产生火花的材质，严禁使用铁质工具，工作台上应垫以接地导电橡胶板。

（6）钻眼工序应在专用工房内进行。所用的钻眼工具，要求刃口锋利，使用时应涂蜡擦油或交替使用，工具不合要求时不得强行操作。

（7）插引、挤引等厂房，操作人员均使用面积不得少于2平方米，操作间内通道宽度不能少于1.2米，串成品停滞量的总药量人均不应超过装填药工序限量的2倍。

（8）操作工在完成一次限量的半成品加工送交后，才能领取下一次的半成品。

（9）工作台和地面应清理干净，不能撒落药粉和引线。

14. 烟花爆竹包装作业时应注意哪些安全措施？

生产出来的烟花爆竹在包装过程中需要小心谨慎，一有疏忽很容易发生事故。

（1）产品质量必须符合国家规定的标准，不合格的产品不得包装出厂。

（2）产品必须有内包装，内包装材料应采用防潮湿性较好的塑料、纸张等，包装要封闭，包装内产品应排列整齐、不松动。

（3）外包装应使用木箱或纸箱，并捆扎牢固。箱体体积要根据品种规格要求设计，最大体积不得超过0.25立方米。每箱重量不超过30千克。盛装烟火药原料的包装容器，必须使用与内装物不起化学反应的材料制作，要防潮加盖容器。

（4）内包装与外包装容器的间隙可用纸或不产生静电的材料填充，使内装物在运输中不致摇晃和互相碰击。

（5）包装箱应有足够的强度和防潮性。成品箱空载时应能承受120千克重物正向静压无明显变形，木箱的板厚不小于12毫米，最大缝隙宽度不大于4毫米。

(6) 烟花爆竹产品应有简标，简标的内容应包括品名、规格、高标、提示语、警句、制造厂名等。如果单个产品过小，经主管部门同意后，方可不贴简标。

(7) 产品内包装标志内容除简标所规定的内容外，还需有含药量、生产日期（或批号)、有效期等。并在包装内附有产品检验合格证和燃放说明书。

(8) 产品外包装标志内容包括品名、规格、商标、制造厂、生产日期（或批号)、内含数量、净重、体积、危险品标记、有效期和“防火防潮”“轻拿轻放”等安全用语。

(9) 产品包装上不得粘有散落的烟火药。

(10) 钉箱时应小心谨慎，防止钉子钉歪。

(11) 成品包装工序的最大停滞量，应按产品总量中所含药量计算。不能超过各种装、筑、压药工序所规定药量的2倍。

(12) 包装车间操作人员，人均面积不能小于2平方米，主要通道宽度不得小于1.2米。

(13) 产品堆放有序，不准堆放在走道上或门口。

15. 烟花爆竹的储存有哪些安全要求?

烟花爆竹属于易燃易爆品，储存中除了要遵循易燃易爆品的储存规定外，还要注意以下安全要求:

1) 库房安全要求

(1) 库房的耐火等级应符合安全规定的要求。

(2) 仓库应通风、干燥，并有防火、防晒、防潮、防漏、防霉、防蚀、防小动物措施。仓库的温度不得超过35摄氏度，湿度控制在75%以下。

(3) 库房建筑物应能使所储存的物品避免阳光直射，远离火源、热源、电源，无产生火花的条件。夏季库房应采取必要的降温措施。

（4）库房内木地板、垛架和木箱上使用的铁钉，钉头要低于木板外表面3毫米以上，钉孔要用油灰填实。

（5）无地板的仓库，地面要设置30厘米高的垛架，并铺以防潮材料。

2）储存安全要求

（1）根据各类物品的不同性质，库房条件、灭火方法等实行严格的分区分类，分库存放；仓库的储存物品，应贴有明显的标签，包括名称、产地、出厂日期、危险等级和质量等；标签应朝外，便于查看核对。未干透的烟火药和亮珠，以及刚晒干（烘干）的亮珠在未散热降温之前都有自燃爆炸的危险，不得入库储存。

（2）烟火药、化工原料和烟花爆竹成品进（出）库、翻仓时，要轻拿轻放，不得有碰撞和摩擦现象，严禁在地面上拖拉任何东西。

（3）库房内不准使用铁制的和其他任何在碰撞和摩擦时会产生火花的工具；仓库使用的磅秤要远离药桶，放秤的地面及磅秤板应垫橡胶板，磅秤的杆砣要用沙砣取代铁砣。

（4）库墙与堆垛之间的间距不应小于0.7米，堆垛之间留出不小于1米间距作为通道和通风巷，主要通道宽度应不小于2米；使用货架时，货架高度不得超过1.85米。

（5）各种化工原料、烟火药、半成品和成品堆垛应稳固、整齐，便于搬运。高度应符合规定，以便于取放，防止搬动取放时不小心使物品坠落引起事故，同时防止因重压和倾斜造成堆垛倒塌所发生的意外。

（6）在库内装卸作业时，只允许单件搬运，应轻拿轻放，不能在地面、车厢和堆垛碰撞、拖拉、摩擦、重压和剧烈震动危险品。

（7）严禁在库房内进行分装、封箱、钉箱、返工和其他可能引起箱炸的作业，这些作业在库房以外的专用厂房内进行，以防发生事故造成严重后果。

(8) 各类烟花爆竹及原料储存时间不能过长，应符合安全规定。仓储场所干湿度应符合安全要求，库内设置干湿温度计每天进行检查登记，做好防潮、降温、通风处理。一旦发现所储存物资出现受潮等异常情况，应及时上报并采取有效措施进行处理。

(9) 库区内应根据仓库的性质，分别设置相应的消防栓、水池、灭火器材等消防工具。消防器材应由专人管理，定期检查，保证完好，随时可以使用。

(10) 库区的消防车道和仓库的安全出口等消防通道应保持畅通，严禁堆放任何物品。

3）仓库的安全管理

(1) 仓库的专职保管人员应熟悉各种烟火药、化工原料和烟花爆竹分类、性质、保管业务知识和防火安全制度，掌握消防器材的操作使用和维护保养方法，做好本岗位的防火工作。

(2) 物品入库前应有专人负责检查包装标志，并对其包装是否完好、有无潜入的火种等进行认真查验，确定符合储存要求方可入库；严禁超量储存，仓库区和单个仓库中的最大存药量不得超过设计药量规定。

(3) 仓库的收发工作应在白天进行；严禁带火柴、打火机进库房，禁穿有钉子的鞋和硬底鞋进入库房；严禁在仓库内开启或封盖化工原料包装箱（桶）。

(4) 仓库应定期盘点，保证账目清楚，材料出库必须核对品名、型号，查看规格是否与领料单相符，不能搞错，更不准用其他材料代替。

(5) 保管人员应经常检查仓库原材料及制成品，切实做好防潮、防漏、防霉、防蚀等工作。亮珠受潮后要及时翻晒，发现包装不合格、过期储存、品名不明的，应及时采取相应措施。

(6) 库房周围的杂草和易燃物应经常清除，消除隐患，防

火隔离带范围内的杂草树木也应定期清除；库房应经常打扫，地面无漏撒的物品保持地面与货垛清洁卫生。

（7）各种机动车辆装卸物品后，不准在库区内停放和修理；装卸作业结束后，应对库区、库房进行检查，确认安全后，工作人员方可离开。

（8）库区内不得搭建任何临时建筑物。

（9）仓库要严格执行夜间值班、巡查制度。

（10）剩余火药要指定安全地点存放、专人及时处理，不得收进仓库内。

16. 烟花爆竹在运输过程中应注意哪些安全措施?

烟花爆竹的成品、半成品及其原料如果在运输过程中操作不当，很容易发生事故，尤其是烟火药的危险性更大。因此需要注意以下安全措施：

（1）运输烟火药、烟花爆竹半成品和成品应使用汽车、板车、手推车。严禁使用三轮车、自行车、畜力车、拖拉机、翻斗车和各种挂斗车运输：手推车、板车的轮胎必须是橡胶制品，应低速行驶；使用机动车运输时，车速每小时不得超过 10 千米。

（2）装卸运输烟花药及其产品应有专人负责，如果使用机动车运输，应有专人押送。

（3）烟火药及烟花爆竹成品、半成品和各种化工原料应分别运输，不能混装。

（4）烟火药必须用木箱或铝制容器装好盖严，烟花爆竹成品应打包成箱后，才能用车辆运输，所有散装烟火药及烟花爆竹成品、半成品均不能用车辆运输。

（5）装运烟火药或烟花爆竹的各种车辆的车厢应清扫干净，车厢底部应垫上柔软的材料。车厢内的烟火药或烟花爆竹必须放平，彼此紧靠，并用绳子捆紧，防止在运输过程中互相碰撞、摩擦，运输时车顶要严遮盖。

（6）运输时汽车的装载量不得超过额定载重量的2/3，人力车的装载量不得超过正常载重量的1/2。汽车的装载高度应至少低于车厢上端10厘米，人力车装载不得超过两层，以防止车子在路上因颠簸发生垮塌、摔落和翻车等事故。

（7）进行装卸作业时，必须单件搬运；应轻拿轻放，不能在地面、车厢上碰撞、拖拉、摩擦、翻滚、剧烈震动；不许使用铁锹等铁质工具。

（8）进入仓库的机动车，排气管口必须罩上火星熄灭器；车辆在运输途中不能强行抢道，车距应不少于20米，烟火药装车堆码不超过车厢高度。

（9）当厂区不在一处时，厂区之间的原材料、半成品运输应遵守厂外危险品运输规定。

（10）运输危险品的主干道中心线与各类建筑物的距离应符合相应规定；危险品生产区和危险品总仓库区内汽车运输危险品的主干道的纵坡坡度不宜大于6%；用手推车运输危险品的道路纵坡坡度不宜大于2%。

17. 如何正确使用灭火器？

正确使用灭火器是保证及时迅速扑灭初期火灾的关键。灭火器的种类很多，主要有二氧化碳灭火器、泡沫灭火器、干粉灭火器等。

1）二氧化碳灭火器

二氧化碳灭火器充袋液态二氧化碳，利用汽化了的二氧化碳灭火。

（1）适应范围：主要用于扑救贵重设备、仪器仪表、档案资料、600伏电压以下的电气设备及油类等初起火灾。在用于扑

救棉麻、化纤织物时，要注意多燃。

（2）使用方法：手提灭火器提把，或把灭火器放在距离起火点5米处，拔下保险销，一只手握住喇叭形喷筒根部手柄，不要用手直接握喷筒式金属管，以防冻伤，把喷筒对准火焰，另一只手压下压把，二氧化碳喷出来。

当扑救流动液体火灾时，应使用二氧化碳射流由近而远向火焰喷射，如果燃烧面积较大，操作者可左右摆动喷筒，直至把火扑灭。

灭火过程中灭火器应保持直立状态。

使用二氧化碳灭火器时，要避免逆风使用，以免影响灭火效果。

2）干粉灭火器

干粉灭火器是用二氧化碳气体作为动力喷射干粉的灭火器材。目前我国主要使用的是碳酸氢钠干粉灭火器和磷酸铵盐干粉灭火器。

（1）适用范围：主要用来扑救石油及其产品、有机溶剂等易燃液体、可燃气体和电气设备的初起火灾。

（2）使用方法：手提灭火器把，在距离起火点3～5米之间，将灭火器放下，注意占据上风方向，使用前先将灭火器上下颠倒几次，使筒内干粉松动，拔下保险销，一只手握住喷嘴，使其对准火焰根部，另一只手用力按下压把，干粉便会从喷嘴喷射出来。左右喷射，不能上下喷射，灭火过程中应保持灭火器直立状态，不能横卧或颠倒使用。

3）泡沫灭火器

（1）适用范围：泡沫灭火器适宜扑灭油类及一般物质的初起火灾。

（2）使用方法：使用时，用手握住灭火器的提环，平稳、快捷地提往火场，不要横扛、横拿。灭火时，一手握住提环，另一只手握住筒身的底边，将灭火器颠倒过来，喷射对准火焰，用力摇动几下，即可灭火。

使用灭火器时应注意：一是，不要将灭火器和盖与底对着人体，防止盖、底弹出伤人。二是，不要与水同时喷射，以免影响灭火效果。三是，扑灭电气火灾时，应先切断电源，防止人员触电。

18. 如何选择不同类型的灭火器？

由于发生火灾的类型不同，采用的灭火方法也会不同，因而选择使用的灭火器材也不相同。

1）火灾分类

（1）A 类火灾：固体物质火灾。如木材、棉、毛、麻、纸张等燃烧的火灾。

（2）B 类火灾：液体火灾或可熔化固体物质火灾。如汽油、煤油、柴油、甲醇、乙醚、丙酮等燃烧的火灾。

（3）C 类火灾：气体火灾。如煤气、天然气、甲烷、丙烷、乙炔、氢气等燃烧的火灾。

（4）D 类火灾：金属火灾。如钾、钠、镁、钛、锆、锂、铝镁合金等燃烧的火灾。

（5）E 类火灾：带电火灾。物体带电燃烧的火灾。

2）灭火方法

（1）冷却法。例如用水和二氧化碳直接喷射燃烧物，降低燃烧物的温度，以及往火源附近未燃烧物上喷洒灭火剂，防止形成新的火点。

（2）窒息法。例如用不燃或难燃的石棉被、湿麻袋等捂着燃烧物，用沙土埋没燃烧物，减少燃烧区域的氧气量，使火焰熄灭。

（3）隔离法。使燃烧物和未燃烧物隔离，限制燃烧范围。例如将火源附近的可燃、易燃、易爆和助燃物搬走；关闭可燃气

体、液体管路的阀门，减少和阻止可燃物进入燃烧区内；堵截流散的燃烧液体等。

（4）抑制法。如往燃烧物上喷射干粉等灭火剂，可中断燃烧的连锁反应，达到灭火的目的。

3）如何选用灭火器

（1）对A类火灾，一般可采取水冷却灭火，但对于忌水物质，如布、纸等应尽量减小水渍所造成的损失。对珍贵图书、档案资料应使用二氧化碳、干粉灭火器灭火。

（2）对B类火灾，应使用泡沫灭火剂进行扑救，还可使用干粉、二氧化碳灭火器。

（3）对C类火灾，因气体燃烧速度快，极易造成爆炸，一旦发现可燃气着火，应立即关闭阀门，切断可燃气来源，同时便用干粉灭火剂将气体燃烧火焰扑灭。

（4）对D类火灾，因燃烧时温度高，水及其他普通灭火剂在高温下会发生分解而失去作用，应使用专用灭火剂。一是液体型灭火剂；二是粉末灭火剂。例如用7150灭火剂扑救镁、铝、镁铝合金、海绵状钛等轻金属火灾，用膨胀石墨灭火剂扑救钠、钾等碱金属导火灾。少量金属燃烧时可用干砂、食盐、石粉等扑救。

19. 从事煤气作业人员应遵守哪些安全规定？

煤气属于易燃、易爆和有毒气体，极易引起火灾爆炸及中毒事故。因此，从事煤气作业人员要严格按照要求操作。

（1）从事煤气作业人员必须按照国家有关规定，经专门安全作业培训并经考核取得安全监督管理部门核发的特种作业人员证书持证从事煤气作业工作。

（2）从业人员进入煤气站工作后，必须进行安全知识教育和培训，熟悉本岗位操作技术，并掌握各种紧急情况下的应急措施。

（3）严格按规程操作，认真控制各工艺要求的参数，出站煤气含氧量应小于规定值（＜0.5%）。

（4）煤气设备和煤气管道上的灰尘要定期清扫，且随时保证在溢流状态下运行。

（5）煤气设备和煤气设施严禁在负压状态下运行。

（6）严格遵守化验制度，停炉、吹扫、送气均应在气样合格后，才能进行下一工序的操作。

（7）煤气设备应在技术状态良好的条件下运行，发现故障应及时处理或停机处理，严禁在非正常的情况下强行运行。

（8）设备检修，应在停气后，用蒸汽或惰性气体对设备进行吹扫（两次），特别是设备或管道死角、隐蔽部位的残余煤气。取样化验合格后，才能进行检修，且所取的气样不小于两个。

（9）凡与设备或煤气管道连接的循环水管、汽管、焦油管、排污管、放散管等供气管道，在主体设备吹扫的同时应进行吹刷清洗，将这些供气管道内的煤气吹刷出来。

（10）在送煤气之前应用蒸汽或惰性气体将设备和煤气管道内的空气吹净；将附属的供气管道内的空气吹刷干净，且应取气样分析含氧量，合格后方可进行送煤气操作。

（11）任何设备检查都应有专人负责，统一指挥，保证安全工作。

（12）进入煤气设备内部修理应有两人以上，且设备外应有专人负责监护联系。

（13）在检修过程中，严禁在煤气生产设备上接电线，或在上面冲击、碰撞。

（14）凡在煤气危险区域内动火，必须先向安全部门提出动火申请，并提出安全预防措施，做好灭火准备，并备有足够的急救防护工具和消防器材，经检查合格发给许可动火牌，方可动火

作业。

（15）在危险区域动火时、批准动火单位应派人到现场监督。

（16）带煤气压力动火时，动火点附近不准另有其他明火，有电源的应切断电源，并挂停电警告牌，且在煤气管道内处于输送状态，压力保持在 20～60 毫米水柱。动火人员应佩戴防毒面具。

第六章 焊接作业安全常识

焊接是通过加热、加压、填充金属等手段，使两个或多个工件结合的加工工艺方式。焊接工艺既可用于金属，也可用于非金属。焊接广泛用于船舶、锅炉、车辆、建筑、化工、冶金、矿山、机械、石油和国防工业等生产部门。焊接方法一般可归纳为以下三大类：

（1）熔化焊。利用某种热源将焊件的连接处加热到熔化状态并加入填充金属，然后在自由状态下冷凝结晶，使之焊合在一起。

（2）压力焊。对焊件施加一定的压力，使结合面相互紧密接触并产生一定的塑性变形，以使焊件结合连一起。压力焊有加热与不加热之分，加热焊如接触焊（又名电阻焊）、锻焊、摩擦焊等，不加热焊如冷压焊等。

（3）钎焊。将熔点低于焊件的焊料合金（称钎料）放在焊件的结合处，与焊件一起加热，使钎料熔化并渗透填充到连接的缝隙中，从而使焊件凝结在一起。

1. 焊工“十不焊”原则是什么?

焊接火花是火灾和爆炸的重要点火源。违规焊接容易引起安全事故。因此，焊工在作业时必须严格遵守“十不焊”原则。

（1）焊工未经安全技术培训考试合格，领取操作证，不能焊割。

（2）在重点要害部门和重要场所，未采取安全措施，未经单位有关领导和车间、安全、保卫部门批准及办理动火证手续，

不能焊接。

（3）在容器内工作没有12伏低压照明和通风不良及无人在场监护下不能焊割。

（4）未经领导同意，面对他人擅自拿来的物件，在不了解其使用情况和构造情况下，不能焊接。

（5）盛装过易燃易爆气体（固体）的容器、管道，未经彻底清洗和处理并消除火灾爆炸危险的，不能焊割。

（6）用可燃材料充作保温、隔音设施的部位，未采取切实可靠的安全措施，不能焊割。

（7）有压力的管道或密闭容器，如空压缩机、高压气瓶、高压管道、带气锅炉等，不能焊割。

（8）焊接场所附近有易燃物品，未作清除或未采取安全措施，不能焊割。

（9）在禁火区内（防焊车间、危险品仓库附近）未采取严格隔离等安全措施，不能焊割。

（10）在一定距离内，有与焊割明火操作相抵触的作业（如汽油擦洗、喷漆、灌装汽油等作业会排出大量易燃气体），不能焊割。

2. 焊接对人体会造成哪些伤害？

在焊接作业过程中，往往会造成人体的烫伤、弧光辐射、中毒等伤害。

1）烧伤、烫伤

造成烧伤、烫伤的主要因素是气焊火焰、电弧、熔渣、铁液飞溅、气体自燃等。预防烧伤、烫伤的方法有：

（1）作业前要采取必要的防护措施，如穿戴好防护服，防护鞋等。

（2）在工作现场注意站立位置，尤其不能站在焊割作业点的下方。

（3）气焊点火时要注意焊嘴的方向不能对向人，焊割作业不能直接在水泥地面上进行，以防火星飞溅。

2）弧光辐射

弧光辐射的危险源是弧光，其危害主要是电焊晃眼，造成电光性眼炎（俗称打眼）、皮炎等。氩弧焊的弧光辐射强度比焊条电弧要大，强烈的紫外线照射能引起红斑、小水泡等严重皮肤疾病。防范弧光辐射的安全措施有：

（1）加强个人防护措施，穿戴好工作服、护目镜等。

（2）在工作现场设置防护屏，用于遮挡弧光。

（3）室内工作时，采用不反光且能吸收光线的材料作室内墙壁的装饰面。

3）高频电磁辐射

高频电磁辐射的危险源主要是氩弧焊接时产生的高频电磁场。高频电磁辐射对人体的危害主要是引起神经衰弱及植物神经功能紊乱，严重时会使血压不正常等。防范高频电磁辐射的安全措施有：

（1）减少高频电流的作业时间，使用振荡器旨在引弧，则可于引弧后切断振荡器线路。

（2）施焊工件的地线要做到良好接地，从而降低高频电流，接地点距作业越近，情况越能得到改善。

（3）在不影响使用的情况下，降低振荡器的频率。

（4）屏蔽把线及软线。

4）中毒粉尘危害

在焊接过程中容易产生粉尘和有毒有害气体，直接影响着焊工的身体健康。粉尘和有毒有害物的危险源主要来自焊接过程中产生的烟尘和有毒有害气体等。主要危害有：引起尘肺、锰中毒、金属烟热等，有毒气体会对呼吸系统甚至全身也会造成伤害。防范安全措施有：

（1）做好焊接通风除尘，尤其是在焊工进入狭小的空间内时更要注意。

（2）在焊接材料能保证其工艺性能和力学性能的前提下，尽量使用发尘量较低的焊条或焊丝。

（3）焊工应做好防护工作，尤其要注意戴好防护口罩。

5）放射损伤

放射损伤的危险源主要是氩弧焊使用的钍钨棒电极。钍是天然性放射性物质，能放射出 α、β、γ 三种射线，会引起人体慢性辐射损伤，出现各种病变。防范措施有：

（1）接触钍钨棒后，应用流动水和肥皂洗手，并经常清洗工作服及手套。

（2）配备专用砂轮来磨尖钍钨棒，砂轮机应装设除尘设备。

（3）钍钨棒存储应置于密闭铅盒内，存储地点安装通风装置。

（4）选用合理的工艺规范避免钍钨棒的过量烧损。

6）噪声损害

噪声的主要来源是在焊接现场或焊接方法、焊接过程中自然产生的。噪声的危害主要是影响神经系统，以及对听觉的损害。防范措施有：

（1）焊工佩戴隔音罩或隔音耳塞等个人防护器。

（2）在工作现场和焊接设备等部位采用吸声或隔音材料等。

3. 在焊炬和割炬作业时应注意哪些安全措施？

焊炬又名焊枪，它的作用是将可燃气体与氧气混合，形成具有一定能量的焊接火焰。割炬又名割刀、切割器，其作用是使氧气与乙炔按比例混合，形成预热火焰，将高压纯氧喷射到被切割的工件上，形成割缝。在使用焊炬和割炬时，应注意以下安全措施：

（1）按照工件厚薄，选用一定大小的焊、割炬。然后按焊、割炬的喷嘴大小，确定氧气和乙炔的压力和气流量。

（2）喷嘴与金属板不能相碰。

（3）喷嘴堵塞时，应将喷嘴拆下，用捅针从内向外捅开。

（4）注意垫圈和各环节的阀门等是否漏气。

（5）使用前应将皮管内的空气排除，然后分别开启氧气和乙炔阀门，畅通后才能点燃试焊。

（6）焊、割炬的各部分不得沾污油脂。

（7）如焊、割炬喷嘴的温度超过了400摄氏度，应用水冷却。

（8）点火时应先开启乙炔阀门，点着后再开启氧气阀门。这样做是为放出乙炔—空气混合气，便于点火和检查乙炔是否畅通。

（9）乙炔阀门和氧气阀如有漏气现象，应及时修理。

（10）使用前，在乙炔管道上应装置岗位回火防止器。

（11）离开作业岗位时，禁止把燃着的焊炬放在操作台上。

（12）交接班或停止焊接时，应关闭氧气和回火防止器阀门。

（13）皮管要专用，乙炔管和氧气管不能对调使用。皮管要有标记以便区别，乙炔皮管是绿色，氧气皮管耐压强度高，一般都是红色。

（14）发现皮管冻结时，应用温水或蒸汽解冻，禁止用火烤，更不允许用氧气去吹乙炔管道。

（15）氧气、乙炔用的皮管不要随便乱放，管口不要贴住地面，以免进入泥土和杂质发生堵塞。

4. 电焊时应注意哪些安全措施？

在电焊作业中常会因疏忽大意而引起一些意外事故的发生，比如火灾、爆炸、触电、燃烧、烫伤、弧光辐射等，但只要在工

作中稍加注意都是可以预防的。

1）防火灾

火灾的危险源主要有：气焊火焰、电弧、熔渣、铁液飞溅、气体自燃等。火灾的发生就是这些危险源与易燃、可燃物品相接触而引起的。防范安全措施主要有：

（1）焊接作业场所不得存放有木材（屑）、油脂或其他易燃、可燃物品等，存放的物品应距工作地点10米以外。

（2）露天进行焊接作业要采取防风措施，以防火星飞溅，当风力超过5级时，不宜进行焊割作业。

（3）不管在平地还是高空作业，都要采取措施防止金属熔渣的飞溅和掉落。离开现场前，必须进行检查，确认无火种再离开。

（4）气焊时对气瓶及减压器的使用、维护必须按照有关规定、规程进行，不得受热、受冲击、沾染油脂等。

（5）在容易引起火灾的场所进行焊接作业时，必须备有必要的消防器材。

2）防爆炸

爆炸的危险因素主要有：气瓶及减压器的不正确使用，气焊气割作业时不正确的操作，燃料容器及管道的不正确焊割，带压容器及管道的不正确焊割等。爆炸的发生多是因为人为因素造成，违反了有关安全管理规定、规程或安全操作流程等。防范安全措施主要有：

（1）氧气瓶和乙炔气瓶应按规定定期检查，使用期满或送检不合格的气瓶，均不能使用。

（2）禁止把氧气瓶与乙炔气瓶或其他可燃瓶、可燃物同车运输。

（3）在运输、储存和使用过程中，避免气瓶剧烈震动和碰撞，防止脆裂爆炸，气瓶应有瓶帽和防震圈。

（4）气瓶应避免直接受热或阳光曝晒。

（5）操作中氧气瓶距离乙炔瓶、明火或热源距离应大于5米。

（6）在运输、储存和使用过程中，避免氧气瓶及减压器沾染油脂。

（7）气焊和气割作业现场存在爆炸性粉尘或其他危险因素时禁止作业，易燃易爆物品应距作业地点10米以外。

（8）不得直接在水泥地面上切割金属材料，气焊、气割作业发生回火时应立即采取相应的措施关闭氧气、乙炔调节阀，氧气、乙炔胶管或减压器燃烧爆炸时，应立即关闭气瓶的总阀门。

（9）燃料容器及管道、带压容器及管道的焊割作业必须有严密可行的事故预防措施，否则不得进行作业。

3）防触电

触电的危险因素主要有：易导电的焊接作业现场环境（如潮湿、金属容器等），漏电的焊接设备、工具等。触电的发生主要是操作中违反有关安全管理规程、规定，造成人体与导电体相接触而引起的。

触电防范安全措施主要有：

（1）在金属容器内及其他金属结构上焊接，或在潮湿的环境中焊接，要加强个人防护，必须穿绝缘鞋，戴皮手套、垫上橡胶板或其他绝缘衬垫，并设监护人员，遇到危险时立即切断电源。

（2）作业中严禁随意接触导电体，尤其是身体出汗衣服潮湿时更要注意。

（3）养成良好的安全检查习惯，检查接地、接零装置是否完好可靠，然后检查绝缘防护是否到位和接触部位是否可靠绝缘。

（4）在进行改变焊机接头、改接二次回路线、搬动焊机、更换熔丝、检修焊机等工作时，应先切断电源，然后才能进行其他工作。

4）防烧伤、烫伤

烧伤、烫伤的危险因素主要有：气焊火焰、电弧、熔渣、铁液飞溅、气体自燃等。这些危险因素不仅是火灾发生的源头，也是烧、烫伤发生的主要因素。

防范的主要安全措施有：

（1）作业前要采取防护措施，如穿好防护服，防护鞋等。

（2）在作业现场注意站立位置，尤其不能站在焊割作业点的下方。

（3）气焊点火时要注意焊嘴的方向不能对向人，焊割作业不能直接在水泥地面上进行，以防火星飞溅。

5）防弧光辐射

弧光辐射的危险源主要是弧光，其主要危害是：电焊晃眼、电光性眼炎（俗称打眼）、皮炎等，氩弧焊的弧光辐射强度比焊条电弧焊还要大，强烈的紫外线照射能引起红斑、小水泡等严重皮肤疾病。防范安全措施主要有：

（1）加强个人防护措施，如穿、戴好工作服、护目镜等。

（2）在作业现场设置防护屏，用于遮挡弧光。

（3）在室内作业时，采用不反光而能吸收光线的材料作室内墙壁的饰面。

6）防高频电磁辐射

高频电磁辐射的危险源主要是氩弧焊引弧时产生的高频电磁场。高频电磁辐射对人体的危害主要是引起神经衰弱和植物神经功能紊乱，严重时会使血压不正常等。虽然氩弧焊时每次启动高频振荡器的时间只有 2 ~ 3 秒，对人体的影响较小，但仍要采取防护措施。

防范措施主要有：

（1）减少高频电的作用时间，若使用振荡器旨在引弧，则可于引弧后立即切断振荡器线路。

（2）施焊工件的地线做到良好接地，能大大降低高频电流，接地点距工件越近，情况越能得到改善。

(3) 在不影响使用的情况下，降低振荡器的频率。

(4) 屏蔽把线及软线。

7) 防中毒、烟尘危害

中毒、烟尘危害的危险源在于焊接过程中产生的烟尘、有毒气体。烟尘的危害主要是引起焊工尘肺、锰中毒、金属烟热等。有毒气体对呼吸系统甚至全身造成伤害。防范措施主要有：

(1) 做好焊接通风除尘，尤其是在焊工进入狭小的空间内时更要注意。

(2) 在焊接材料尽量使用发尘量较低的焊条或焊丝。

(3) 做好个人防护工作，尤其要注意戴好防护口罩。

8) 防放射损伤

放射损伤的危险源主要是氩弧焊使用的钍钨棒电极。钍是天然放射性物质，能放射出 α、β、γ 三种射线，会引起人体慢性辐射损伤，出现各种病变。虽然在焊接现场放射性浓度比较低，但在钍钨棒磨尖、修理、特别是储存地点，放射性浓度大大高于焊接地点。防范措施主要有：

(1) 接触钍钨棒后，应用流动水和肥皂水洗手，并经常清洗工作服及手套等。

(2) 配备专用砂轮来磨尖钍钨棒，砂轮机应装设除尘设备。

(3) 钍钨棒存储应置于密闭铅盒内，存储地点安装通风装置。

(4) 选用合理的工艺规程，避免钍钨棒的过量烧损。

9) 防噪声损害

噪声的来源主要是在焊接现场或焊接过程中自然产生的。噪声的危害主要是影响神经系统，以及对听觉的损害。防范措施有：

(1) 作业佩戴隔音罩或隔音耳塞等个人防护器。

(2) 作业现场和焊接设备等部分，采用吸声或隔音材料等。

5. 高处或室内焊割应注意哪些安全要求?

（1）高空焊、割作业时除必须严格遵守登高作业保护规定和注意人身安全外，还必须防止火花落下或飞散，风力大时应停止高空作业。如果高空焊、割作业下方有易燃、可燃物时，要移开或者用水喷淋。有可燃气体管道，要用湿麻袋、石棉板等隔热材料覆盖。禁止用盛装过易燃、易爆物质的容器作为登高垫脚物。焊接设备应远离动火点，并由专人看管。如在楼上作业，应防止火星沿一些孔洞和裂缝落至下面，落下的溶热金属要妥善处理。

（2）电焊机与高处焊补作业点的距离要大于 10 米，电焊机应有专人看管，以备紧急时立即拉闸断电。

（3）在密室内作业时，必须将作业场所的内外情况调查清楚，乙炔发生器、氧气瓶、电焊机均不准放在动火焊、割的室内。

（4）焊、割作业时，现场必须干燥，要严格检查绝缘防护装备是否符合安全要求，并禁止把氧气通入室内用于调节作空气。

（5）凡在易燃、易爆车间动火焊补，或者采用带压不置换动火法，或在容器管道裂缝大、气体泄漏的室内焊补时，必须分析动火点周围不同部位滞留的可燃物含量，确保安全可靠才能施焊。

（6）焊接时，应打开门窗自然通风，必要时采用机械通风，以降低可燃气体的浓度，防止形成可燃性混合气体。

6. 焊接作业时如何做好个人防护措施?

（1）做好头、面、眼睛、耳、鼻、手、躯等方面的人身防护。主要有防尘、防毒、防噪声、防高温辐射、防放射性辐射、防机械外伤和脏污等。从事焊接作业时，操作人员除应穿戴一般防护用品（如工作服、手套、眼镜、口罩等）外，还要针对特殊作业场所，佩戴空气呼吸器（用于密闭容器和不易通风的特殊场所），防止烟尘危害。

（2）在剧毒场所紧急抢修焊接作业时，应佩戴隔绝式氧气呼吸器，防止急性中毒事故的发生。

（3）为保护焊工眼睛不被弧光伤害，焊接时必须使用镶有特别防护镜片的面罩，并按照焊接电流强度的不同选用不同型号的滤光镜片。同时，要根据焊工视力情况和焊接作业环境的亮度进行选用。

（4）为防止皮肤受电弧的伤害，焊工宜穿浅色或白色帆布工作服。同时，工作服袖口应扎紧，扣好领口，皮肤不要外露。

（5）对于焊接辅助工和焊接地点附近的其他工作人员，作业时要注意相互配合，辅助工要戴颜色深浅适中的滤光镜。在多人作业或交叉作业场所从事电焊作业，要设防护遮板，防止电弧光刺伤作业人员的眼睛。

（6）接触钍钨棒的作业人员要用流动水和肥皂洗手，并经常清洗工作服及手套等，戴隔声耳罩或防护耳塞，防护噪声危害。

7. 焊接完成后应做好哪些安全工作？

焊、割作业中的火灾爆炸事故，有些往往发生在工程的结尾阶段，或在焊割作业结束后。因此，做好焊割后的安全工作非常重要。

（1）坚持工程后期阶段的防火防爆措施。在焊、割作业已经结束，安全设施已经撤离后，若发现某一部位还需要进行一些微小工作的焊、割作业时，绝不能麻痹大意，要做到焊、割作业

安全措施不落实，绝不动火焊接。

（2）对各种设备、容器进行焊接后，要及时检查焊接质量是否达到要求，对漏焊、假焊等缺陷应立即修补好。

（3）焊、割作业结束后，必须及时彻底清理现场，清除遗留下来的火种，关闭电源、气源，把焊、割炬放在安全地方。

（4）焊、割作业场所容易藏有隐患火种，因此，作业后要进行认真检查外，下班时要主动向保卫人员或下一班人员交代情况，以加强巡逻检查。

（5）焊工所穿的衣服下班后要仔细检查，看是否有阴燃情况。因有一些火灾是由焊工穿过的衣服而引起的。

8. 如何防止焊接中发生回火现象？

所谓回火，是指可燃混合气体在焊炬、割炬内燃烧，并以很快的燃烧速度向可燃气体导管蔓延扩散的一种现象。其结果会引起气焊和气割设备燃烧、爆炸。为防止回火，焊工在操作过程中应该做到：

（1）焊（割）炬不要过分接近熔融金属，焊（割）嘴不能过热，不能被金属熔渣等杂物堵塞。

（2）焊（割）炬阀必须严密，以防氧气倒回乙炔管道，乙炔发生器阀门不能开得太小。

（3）如果发生回火，要立即关闭乙炔发生器和氧气阀门，并将胶管从乙炔发生器或乙炔瓶上拔下。

（4）如乙炔气瓶内部已燃烧（白漆皮变黄、起泡），要立即用自来水冲浇，以降温灭火。

9. 对旧容器进行焊补要遵守哪些安全措施？

焊补储存过汽油、煤油、松香、烧碱、硫黄、甲苯、香蕉水、酒精等物的容器，以及冻结或封闭的管段或停用已久的乙炔发生器桶体等，必须严格遵守有关规定作业。

（1）被焊物必须经过反复多次清洗。

（2）乙炔管道、回火防止器如果安装在坑道里面、加盖的阴沟下或者地坑的井沟内，这些部位可能滞留乙炔—空气混合气，因此在动火作业前，一定要切断气源，探明有无易燃、易爆混合气体存在。

（3）焊补作业中要考虑操作工人的行动有无障碍，并备专人监护。

（4）当班动火未能完工，下一班或次日再动火时，必须从头重新探明，并做好安全措施。

（5）探查有无易燃易爆混合气存在时，先用长棒头点上火焰试一下，试火人员应警惕和隐蔽，确定无险时，再开始焊补。

（6）将被焊物所有孔盖打开。

（7）操作人员严禁站在动火容器的两端。

（8）焊补完后，如在容器温度很高的情况下，不能马虎大意，急着把易燃物装进去，以免引起着火或爆炸。

（9）为了保证安全，可以把被焊容器灌满水或充满氮气后再焊补。

10. 气焊作业时发生事故怎么办?

（1）当焊、割炬的混合室内发出“嗡嗡”声时，立即关闭焊、割炬上的乙炔—氧气阀门。稍停后，开启氧气阀门，将混合室（枪内）的烟灰吹掉，恢复正常后再使用。

（2）乙炔皮管爆炸燃烧时，应立即关闭乙炔气瓶或乙炔发生器的总阀门或回火防止器的输出阀门，切断乙炔的供给。

（3）乙炔气瓶的减压器爆炸燃烧时，应立即关闭乙炔气瓶的总阀门。

（4）氧气皮管燃烧爆炸时，应立即关紧氧气瓶总阀门，同时，把氧气皮管从氧气减压器上取下。

（5）如中压乙炔发生器的发气室着火时，应立即用二氧化碳灭火器灭火，或者将加料口盖紧以隔绝空气，致使火焰熄灭。

（6）横向加料式乙炔发生器的发气室着火爆炸且把加料口对面或上方的卸压模冲破时，最好用二氧化碳灭火器灭火。如不具备这种条件，则要尽量使电石与水脱离接触，停止产气或把电石篮取出，使电石尽快脱离发气室，这样火焰很快熄灭。

（7）如在加料时发生室中着火爆炸，应立即使电石与水脱离接触以停止产气。如果发气室已与大气连通，最好用二氧化碳灭火器灭火，然后再打开加料口压盖取出电石篮。无此类灭火器材又无法隔绝空气时，要等火熄灭或者火苗很小时，操作人员站在加料口的侧面慢慢松动加料口压盖螺钉，随后再设法把电石篮取出。

（8）当发现发气室的温度过高时，应立即使电石与水脱离接触以停止产气，采取措施使温度降下来，等温度降下来后才能打开加料口压盖，否则，空气就会从加料口进入遇高温就会发生燃烧爆炸。

（9）如枪嘴堵塞又忘记关闭乙炔—氧气阀门，或因其他缘故使氧气倒入乙炔皮管和发生气时，应立即关闭氧气阀门，并设法把乙炔皮管和乙炔发生器内的乙炔—氧气混合气体放净，然后才能点火，否则可能会发生爆炸。

（10）浮桶式乙炔发生器因浮桶漏气等原因处着火时，严禁拔浮桶，也不能堵漏气处，而应将浮桶蹬倒。

11. 使用氧气瓶焊接应注意哪些安全措施？

（1）氧气瓶不得与其他气瓶混放，不准将氧气瓶内的气体全部用光。

（2）在高温天气要防止曝晒，防止用明火烘烤。

（3）氧气瓶与焊枪、割枪、炉子等之间的距离不小于5米，与暖气管、暖气片之间的距离应保持不小于1米。

（4）氧气瓶使用后要关紧阀门，拆下氧气减压表，严防氧气用完后既没有关闭阀门，又未拆下减压表而造成乙炔倒灌进入氧气瓶内。

（5）氧气瓶的阀门严禁加润滑油，严禁自调换防爆片，作业人员运输、储存时必须戴安全帽，并定期检查。

（6）安装氧气减压器之前，要打开氧气瓶门吹除污物，氧气瓶阀喷嘴不能朝向人体方向。

（7）在开启氧气瓶阀门前，先要检查调节螺钉是否松开，对于满瓶的氧气瓶阀门不能开得过大，以防止氧气进入高压室内产生压缩热，引燃阀内的胶垫圈。

（8）减压器与氧气瓶阀处的接头螺钉要旋合6牙以上，并用扳手紧固。

（9）氧气减压器外表涂蓝色，乙炔减压器外表涂白色，两种减压器严禁相互换用。

（10）减压器内外均不准沾有油脂，调节螺钉不准加润滑油。

12. 使用乙炔发生器作业要遵守哪些安全规程？

（1）操作人员必须经过培训，熟练地掌握乙炔发生器设备的操作规程、安全技术规程和防火知识，并经考试合格取得安全操作合格证后方可独立操作。

（2）禁止在超负荷或超过最高工作压力和供水不足的条件下使用乙炔发生器。

（3）乙炔发生器的安放位置要与明火、散发火花点以及高

压电源线路的距离应保持 5 米以上。

（4）乙炔发生器和回火防止器在冬季使用时，如发生冻结，应用热水或蒸气加热解冻，禁止用明火或者用烧红的烙铁加热。更不准用容易产生火花的金属物体敲打。

（5）如乙炔着火时，宜采用干黄沙、二氧化碳灭火器或干粉灭火器灭火，禁止用水、泡沫灭火器或四氯化碳灭火剂灭火。

（6）接于乙炔管路的焊（割）枪或一台乙炔发生器要配制多把焊（割）枪使用时，每把焊（割）枪必须各配置一个岗位回火防止器，禁止共同使用一个岗位回火防止器。使用时要认真检查，保证安全可靠。

（7）使用乙炔气时，当管路中压力下降过低时，应及时关闭焊（割）炬，严禁用氧气抽吸乙炔气，以免造成负压导致乙炔发生器发生爆炸事故。

（8）乙炔发生器所使用的电石尺寸应符合标准，严禁将尺寸小于 2 毫米及大于 80 毫米的电石装入料斗。排水式（移动式）乙炔发生器使用电石尺寸应在 25～80 毫米范围之内。滴水式乙炔发生器和大型投入式乙炔发生器使用的电石尺寸应在 8～80 毫米范围之内。

（9）乙炔发生器每次装电石后，使用前应将发生器内留存的混合气体（乙炔与空气）排出。使用时，装足规定的水量，及时排出发气室积存的灰渣。

13. 电弧焊接应注意哪些安全措施？

（1）为了防止发生触电事故，电弧焊所用的工具必须安全绝缘，所用设备必须有良好的接地装置，作业人员应穿绝缘胶鞋，戴绝缘手套。如要照明，应该使用 36 伏的安全照明灯。

（2）为预防发生火灾，电弧焊现场附近不能有易燃、易爆物品，如电弧焊和气焊在同一地点使用，则电弧焊设备和气焊设备、电缆和气焊胶管都应分开放置，相互间应保持 5 米以上的安全距离。

（3）为了防止电弧焊作业中的辐射伤人，操作人员必须戴防护面罩、穿防护衣服。

（4）电焊机空载电压应为 60～90 伏。

（5）电弧焊设备应使用带电保险的电源刀闸，应装在密闭箱中。

（6）焊机使用前必须仔细检查导线绝缘是否完整，接线是否良好。

（7）焊接设备与电源网络接通后，人体不应接触带电部分。

（8）在室内或露天现场焊接时，周围必须设挡光屏，以防弧光伤害作业人员的眼睛。

（9）焊工必须配备有合适滤光板的面罩、干燥的帆布工作服、手套、橡胶绝缘和白光焊接防护眼镜等安全用具。

（10）焊接绝缘软线的长度不得小于 5 米，施焊时软线不得搭在身上，地线不得踩在脚下。

（11）严禁在起吊过程中边吊边焊。

（12）施焊完毕后应及时拉断电源闸刀。

14. 制氧作业应注意哪些安全要求？

（1）制氧作业人员要经安全技术教育和培训，了解安全知识，掌握防范措施和操作规程，并经考试合格后才可进行操作。

（2）所有仪表、阀门、安全防护装置必须完整、灵敏、可靠。仪表和安全阀应定期校验，压力容器、管道要定期做水压、气密试验。

（3）严格遵守设备操作规程。设备运转时，操作者应密切注意各部位压力和温度的变化，严禁超压、超湿运行。

（4）操作氧压机、分馏塔、充气台及其他与氧气接触的设

备和阀门时，所使用的工具、手套应禁止沾污油脂，设备附近不准放置油桶、油壶等物。

(5) 氧压机运行时，应经常检查蒸馏水的供给情况，不准缺水或断水；经常检查氧压机上，下密封圈的密封效果，发现问题及时修复。避免油被活塞杆带入气缸。

(6) 定期分析液氧中乙炔的浓度，控制在规定数值以下，利用吸附法消除水分、一氧化碳和乙炔杂质时，应检查吸附器的效果是否良好。如过滤器与乙炔吸附器一起再生，应在再生前排放其内的液体。再生后要严密关闭吸附器进、出口阀门。设备、管道的修理工作应在卸掉负荷后进行。绝对不准在受压时拧螺钉。

(7) 凡与氧接触的设备、容器、管道等需动火修理时，应首先进行吹洗、置换，经化验空气含氧量在 22% 以下，并报告有关部门同意后方可进行。动火时应有人监护。

(8) 修理或安装与氧气接触的零部件时，要进行脱脂。

(9) 禁止用氧气进行试压，检漏和吹扫工作。

(10) 进行化碱工作和用四氯化碳脱脂时，应戴防护眼镜的面具和橡胶手套，避免被火碱烧伤。要加强通风，预防四氯化碳中毒。用汽油清洗应戴多层防护口罩及胶皮手套，工作完后，皮肤外露部分要及时用肥皂水清洗。

(11) 放掉空分馏塔内液体时应认真、细致，避免冻伤。液体流经管道及地段不得有油脂，厂房内禁止动火作业。

(12) 分馏塔的加热气体，进口温度不准超过 70 摄氏度。

(13) 低温阀门泄漏时，必须在结冻后处理。

(14) 氧气站周围 20 米内严禁烟火，不准用明火检查是否漏气，并严防铁器撞击产生火花。

(15) 站内消防器材必须备齐，定期进行检查。

(16) 站房内发生火灾爆炸事故时，应立即进行抢救。保护好现场，报告领导。

(17) 非氧气站工作人员不得随意进入厂房，外部人员须经有关部门批准，并有人陪同方可进入。

15. 氧气站应遵守哪些安全规定?

氧的化学性质非常活跃，是构成燃烧爆炸的重要因素。因此，在氧气的生产制取、储存及罐装过程中一定要加强安全管理。

(1) 氧气贮存球罐及管道在使用前必须进行清理，把所有的焊接管、钢锈、垢泥、灰尘及其他杂质除掉，保持管道干净。贮存球罐和管道的气压试验，要用无油的空气或氮气。试验压力应为工作压力的1.15倍。

(2) 调节阀组的管道和快速切断阀前后管道都应采用铜管或不锈钢管。

(3) 氧气贮存与输送不得超过额定工作压力。为防止超压，应定期检验超压报警系统和压力自调系统，使管道在超压下自动放散。各种安全阀、减压阀、自动调节阀应经常保持灵敏可靠，不得随意拆卸。

(4) 氧气管道禁止与油管和电缆敷设在一个地沟内。氧气输送过程中，阀门的开、关应缓慢进行。尤其是在压力较高的情况下，更应注意。

(5) 氧气储存球罐、管道、阀门等应定期检查，不得有泄漏或裂缝，周围不应有易燃物，氧气放散不得在室内排放，室外排放必须引至安全地点。检查漏气时，禁止用明火检查，可用肥皂水办法辨别。

(6) 氧气贮存与输送区域被称为危险区，区内严禁烟火。不许穿带钉鞋，不许铁器撞碰。机器间、充瓶间和仓库以及氧气站的周围20米以内严禁明火和抽烟，并设遮拦和“禁止烟火”警示牌。空分塔及其附属设备、装置应采取防静电积聚措施，并

经常查看是否完好。

（7）设备容器和管道，需动火检修时，应经有关部门批准，报消防队备案。动火前，应化验动火处的空气，含量应低于爆炸极限，应备有充足的灭火器材。作业时指定专人监护。

（8）氧气站作业人员的手套严禁有油类沾污，要严格遵守交接班制度，任何时候不得离人，不准存放易燃物品。无关人员严禁入内。

（9）作业人员有权阻止车间及一切部门采用氧气做介质试压、试漏、吹扫设备、吹风乘凉，以免引起人身事故。

（10）站内应保持清洁，地板和机器附近应保持无油，不准将油脂滴到机器上。

（11）用四氯化碳清洗制氧装置时，室内要保持通风良好、门窗要打开，操作者要戴防毒面具，穿工作服和戴手套。

（12）所有测量仪表应定期校验确保性能良好。压力表每年校验不少于 2 次。压力容器及管道应按规定作定期检验，并有定检标志。

（13）液氧中乙炔含量应每天分析一次，当达到报警极限时，必须放出部分液氧，并从下塔送大量液态空气至上塔，使液氧稀释，直到乙炔含量符合要求。在装置内取液态氧、液态氮或液态空气放入瓶时，要经批准，并设人监护。液氧或液空的排放要有专用管道和地沟，不得在车间或设备周围任意倾倒。

（14）作业人员必须提高警惕，严防被人破坏。非氧气站人员、无特殊出入证者，严禁入站。本站人员及经批准入站人员出入站房时，应按规定登记和遵守安全制度。

16. 气瓶操作应注意哪些安全要求?

（1）气瓶操作人员必须树立高度责任感，严禁吸烟与带明火。明火区应将气瓶存放至离 10 米以上，禁止用油手及油手套开动阀门。

（2）气瓶间必须将各种气瓶按规定分开存放，氢、乙炔气瓶禁止放在氧气瓶存贮间、充氧间或氧气站内。气瓶应直立放置并标有明显标记。放置必须整齐，并设有栏杆或支架加以固定，防止发生滚动。存放区要留有适当宽度的通道。

（3）操作人员必须定期检查压力表，气体管路，如发现不正常时，立即采取适当措施处理，并向有关人员报告。

（4）冬季气瓶出口处结冻时，只许用蒸汽、热水加热溶解。严禁使用明火烘烤。

17. 气瓶充氧时应注意哪些安全要求?

（1）作业人员必须熟悉充装设备、工艺及安全操作规程。

（2）氧气瓶充装前应有专人检查，未经检查不准充气。检查时应按照《气瓶安全监察规程》的规定，严格进行技术检验；充装前，应化验鉴别瓶内气体成分；充装时，气体流速不宜过快，防止气瓶过热。

（3）压力表、安全阀要定期校验，保持灵敏准确。检查漏气应用肥皂水，禁止用火试验。

（4）气瓶温度不得超过45摄氏度，否则立即停止充氧。

（5）有下列情况之一的气瓶，禁止充装气体：

① 瓶上沾有油脂，瓶嘴冻结的。

② 气瓶的漆色、字样和所装气体不符合的；漆色、字样脱落，不易识别气瓶种类的；钢印标记不全或不能识别的。

③ 气瓶漏气，气阀不良及瓶内无余气的。

④ 安全附件不全，损坏或不符合要求。

⑤ 瓶体经外观检查有缺陷不能保证安全使用的。

⑥ 已经超过检验期限的。

（6）气瓶充装时，若发生着火，应迅速关闭阀门，停止气

源后，再用灭火器材扑救。

（7）灌瓶间、试瓶间操作时，应防止瓶倾倒，要轻放轻搬，注意留有安全通道。

（8）充气的卡具应灵活，确保锁紧可靠。

（9）操作人员充装所戴的手套、工具、卡具等要防止被沾染油污。

18. 操作氧压机有哪些安全要求？

（1）操作氧压机的作业人员，必须做好启动前的准备工作，并检查蒸馏水、冷却阀、油面计、油表压力，旁通阀、送氧阀等是否安全可靠，并盘车试验，每次盘车时间不少于30分钟，并检查油压、机械转动是否正常。

（2）当机械运转正常后，逐步关闭Ⅰ、Ⅲ级回路管上的旁通阀，检查Ⅲ级送氧阀要在全开位置，逐步关小Ⅲ级放空阀，使压力逐步提高至正常规定，待机械运转正常后，关闭氧气空阀。

（3）氧压机正常工作时，检查氧气压力和温度，各级经压缩后的氧气压力和温度不得超过50摄氏度，各级排气温度不得高于170摄氏度。

（4）经常检查蒸馏水供给情况，注意调节冷却器内进水的平常温度不得超过规定值。经常排除油水分离器内的水。

（5）压力表、安全阀、温度计要定期校验。氧压机的压力表禁止与空气压力表交换使用。

（6）曲轴箱内的油应保持足够的高度，不足时应加够到油面计的1/2高度处。

（7）油表压力为294～49千帕时，不许有油进入有氧气的地方。要特别注意活塞杆与周围的密封性，如发现氧气与油脂接触，要及时进行脱脂处理。

（8）禁止无关人员出入氧压机房，室内禁止吸烟和明火取暖，并应采取良好的通风措施。

(9) 遇事故需紧急停车时应按照下列顺序操作：

① 停止电动机。

② 打开Ⅲ级放空阀。

③ 关闭氧气进口阀。

④ 关闭Ⅲ级送氧阀。

⑤ 半小时后或根据情况停止供油供水。

(10) 工作完毕后，切断电源，清理现场。

19. 乙炔气瓶在使用、运输和储存中应注意哪些安全事项？

(1) 乙炔气瓶在使用时应防止瓶内的活性炭下沉，禁止敲击、碰撞和剧烈振动。要防止受高温影响，防止漏气，防止丙酮渗漏，防止接触有害杂质等。

(2) 乙炔气瓶在运输时应严禁拖拉、滚动，用小车运送时，做到轻装轻卸。乙炔气瓶必须直放装车，严禁横向装运，严禁曝晒或遇明火，禁止互相抵触的物质混放。严禁与氧气瓶、氯气瓶等以及可燃、易燃物品同车运输。

(3) 乙炔气瓶不准储存在地下室及半地下室等比较密闭的场所，不准与氧气瓶、氯气瓶等同库储存。储存量不得超过5瓶，超过5瓶时，应采用不燃材料或难燃材料将其隔成单独的储存间。超过20瓶时，应建造乙炔气瓶仓库，在仓库的醒目地方设置警示标志。

20. 使用乙炔发生器应注意哪些安全技术要求？

(1) 固定式发生器应布置在单独的房间，在室外安装时，

应有专用棚子。

（2）移动式发生器应远离（10 米以上）火源、热源及高压电线；不准靠近通风机或空气压缩机的吸风口，并设置在下风侧；设置时应注意防止高处飞溅火花及坠落物件的打击；不准安放在剧烈震动的工作台和设备上。夏季时发生器严禁在烈日下曝晒。

（3）使用前，首先检查发生器的安全装置是否齐全，工作性能是否正常，管路阀门的气密性是否良好，操作机构是否灵活等。在确认正常后才能灌水并加入电石。

（4）灌水必须按规定加足水量，水质要好，应是没有油污或其他杂质的洁净水。

（5）装电石应根据各类发生器要求定量投装，不能过满。防止电石分解变成熟石灰体积增大、堵塞进水管、输气管和夹层，从而使发气室乙炔压力增高。或因电石过热燃烧，引起发气室炸裂或电石槽拔不出来。

（6）电石粒度必须符合发生器说明书上的规定。移动式发生器使用电石粒度一般应在 25 ~ 80 毫米范围内。大型电石入水式乙炔发生器所使用的电石粒度亦应在 8 ~ 80 毫米的范围内，2 ~ 8 毫米的电石不应超过 30%，不得使用尺寸大于 80 毫米的电石。一般结构的发生器禁止使用粒度小于 2 毫米的电石。

（7）冬季使用发生器时如发现冻结，只能用热水或蒸汽解冻，严禁用明火或烧红的铁烘烤，更不准用铁器敲击。

（8）乙炔发生器在启动前要检查回火防止器的水位，待一切正常后才能启动（电石与水接触发生乙炔）。启动后要检查压力表、安全阀及各处接头是否正常。若发现有不正常处，必须立即停气。待检查或排除故障后，方可重新启动。

（9）在供气使用前应排放发生器内留存的乙炔与空气混合气。在运行期间应随时检查发生器各个部位，一旦发现漏气、水位不符合要求或安全装置失灵等，应及时采取措施排除，否则不准继续使用。

(10）运行过程中消除电石渣的工作，必须在电石完全分解后进行。

(11）发生器内水温超过 80 摄氏度时，应灌注冰水或暂停工作，采取冷却措施使水温下降。不能随便打开发生器和水，以防电石过热引起着火爆炸。

(12）发生器停用时，应先将电石篮提高脱离水面或关闭进水阀使电石停止发气，然后再关闭气管阀门，停止输出乙炔。开盖取出电石篮后应排渣和清洗干净。

(13）开盖时一旦发现着火，应立即盖上盖子，以隔绝空气，并使电石与水脱离接触，等冷却降温后再开盖放水。禁止盖上盖子立即放水。

第七章　有毒有害作业安全常识

广大进城农民工从事各种工作，有些工作可能危害人体的健康，引发多种疾病，严重的还可能诱发恶性疾病，导致身体残疾甚至死亡。那么在工作中存在哪些有毒有害因素？怎样避免危害？掌握这些知识对农民工做好自我保护非常重要。

1. 职业性危害有哪些因素？

职业性危害因素有多种，常见的可归纳为以下几类：

1）生产过程中有害因素

（1）生产性毒物。生产性毒物主要包括铅、锰、铬、汞、有机氯农药、有机磷农药、一氧化碳、二氧化碳、硫化氢、甲烷、氨、氮氧化物等。接触或在这些毒物的环境中作业，可能引发多种职业中毒。如汞中毒、苯中毒等。

（2）生产性粉尘。生产性粉尘主要包括滑石粉尘、铅粉尘、木质粉尘、骨质粉尘、合成纤维粉尘。长期在这种生产性粉尘的环境中作业，可能引起尘肺，如石棉肺、煤肺、金属肺等。

（3）异常气候条件。异常气候条件主要是指生产场所的气温、湿度、气流及辐射。在高温和强烈热辐射条件下作业，可能引发热射病、日射病等。

（4）异常气压。潜水作业在高压下进行，可能引发减压病；高山和航空作业，可能引发高山病或航空病。

（5）噪声和振动。强烈的噪声作用于听觉器官，可引起职业性耳聋等疾病；长期在强烈振动环境中作业，会引起振动病。

（6）辐射线。辐射线是指在作业环境中存在的红外线、紫外线、X射线、无线电波等，可能引发放射性疾病。

2）生物有害因素

附着于皮毛上的炭疽杆菌、蔗渣上的霉菌等。

3）劳动组织过程中有害因素

（1）劳动组织和制度不合理，如劳动时间过长，休息制度不健全。

（2）劳动强度过大或生产定额不当，如安排的作业和任务与劳动者生理状况或体力不相适应。

（3）长期处于某种不良体位，或长时间单调、重复一种动作及使用不合理的工具等。

（4）个别器官或系统过度紧张，如视力紧张等。

（5）精神（心理）性职业紧张。

4）作业场所环境有害因素

（1）生产场所厂房建筑布局不合理，设计不符合卫生标准要求，如有毒与无毒的工段安排在同一车间，车间布置不合理。

（2）缺乏必要的卫生技术设施，如通风、照明等。

（3）缺乏防尘、防毒、防暑降温等设备或设备不完善。

（4）生产过程不合理或管理不当所致环境污染。

（5）其他的安全防护和个人防护用品不足或有缺陷。

2. 工业毒物中毒有哪些类型？

工业毒物中毒是指在劳动生产过程中，由于接触工业毒物而引起的中毒。按接触毒物时间的长短、剂量大小和发病缓急的不同，可分为急性、亚急性和慢性三种。

1）急性中毒

短时间内大量毒物侵入人体引起的中毒称为急性中毒。

2）慢性中毒

长期吸收小剂量毒物引起的中毒称为慢性中毒。

3）亚急性中毒

介于急性中毒和慢性中毒之间，在较短时间内吸收较大剂量毒物而引起的中毒称为亚急性中毒。

4）常见工业毒物中毒

（1）一氧化碳中毒。在熔炼金属过程中，可发生一氧化碳中毒。

（2）苯中毒。喷涂使用的油漆中含有苯，如果通风不良或无吸尘吸毒装置，容易造成苯中毒。

3. 如何防止有毒有害物品对人体的伤害?

1）不要直接触摸腐蚀性物质

腐蚀性物质对人的皮肤有较大伤害，生产中常使用的硫酸、硝酸、盐酸、硼酸、王水等酸性腐蚀品，以及 NaOH 等碱性腐蚀品，都能对人体造成伤害，而且这些物质大部分成液态，仅凭肉眼难以和水加以分别，因此在生产中一定要十分注意，避免直接用身体接触腐蚀性物质，要根据工作需要佩戴相应的防护用具，以免对自身皮肤、安全造成严重伤害。

2）作业场所内要加强通风

在从事化工行业的生产过程中，一定要注意在作业场所内加强通风，控制或减轻作业内的有毒有害气体、粉尘等对身体的伤害。大部分的有害气体、粉尘在空气中挥发得很快，作业场所室内要首先打开窗户。

3）佩戴好防毒面具

防毒面具是指戴在头上，保护作业人员呼吸器官、眼睛和面部，防止毒剂、毒物和放射性灰尘等有害物质伤害的个人防护器材。长期在危险化学品以及会触及到毒气的环境作业，务必在工作中佩戴防毒面具，以防事故发生。

防毒面具主要分为过滤式防毒面具和隔绝式防毒面具。

（1）过滤式防毒面具，由面罩和滤毒罐（或过滤元件）组成。面罩包括罩体、眼窗、通话器、呼吸活门和头带（或头盔）等部件。滤毒罐用以净化染毒空气，内装滤烟层和吸着剂。轻的（200 克左右）滤毒罐或过滤元件可直接连在面罩上，较重的滤毒罐通过导气管与面罩连通。

（2）隔绝式防毒面具，由面具本身提供氧气，分贮气式、贮氧式和化学生氧式三种。隔绝式面具主要在高浓度染毒空气（体积浓度大于 1% 时）中，或在缺氧的高空、水下或密闭舱室等特殊场合下使用。

4. 矿山冶金行业职业性危害有哪些？

矿山冶金行业的职业性危害因素主要是生产性粉尘、有害气体、不良气象条件、噪声和振动等。同时由于井下劳动强度大、作业姿势不良、采光照明不佳等，容易发生意外事故。主要的危害因素有高温、强辐射、粉尘、一氧化碳和噪声等。

（1）生产性粉尘。生产性粉尘是矿山行业中主要的有害因素，在矿山生产过程中，可产生大量的含硅量较高的粉尘。矿工患尘肺病的概率较高。

（2）有毒有害气体。在矿山生产过程中可能会接触到瓦斯、一氧化碳、氮氧化碳、二氧化碳、硫化氢等有毒有害气体，浓度过高时可使人中毒、窒息、甚至死亡。

（3）不良气象条件。矿山井下气象条件的特点是气温高、湿度大、温差大。矿山开采作业中易患感冒、上呼吸道炎症及风湿性疾病。

（4）噪声和剧烈振动。由风动工具、带式输送机发出的噪声和振动，可引起职业性噪声聋和振动病。劳动强度大和不良工作体位易使矿工患腰腿痛、关节炎等。

（5）高温和强辐射。矿粉的加工烧结、炼焦、炼铁、炼钢、

轧钢等环节都属高温作业，较易发生中暑。灼热的物体辐射出的大量红外线易引起职业性白内障。

（6）粉尘。在生产中，从井下开采、运输、破碎到选矿、混料、烧结等环节都有很高的粉尘，长期接触会导致尘肺病。

（7）一氧化碳。在煤气中一氧化碳含量约30%，故在接触煤气作业中，如不注意防护，就可能发生一氧化碳中毒。

（8）其他。空压机、风机、轧钢机等发出的强噪声，易引起职业性噪声聋；长时间接触火焰、钢水、钢渣、钢锭，容易发生烧灼伤；常接触高温辐射的作业人员，易发生火激红斑、色素沉着、毛囊炎及皮肤化脓等疾病；由于高温作用，肠道活动出现抑制反应，容易使消化不良和胃肠道疾病患者增多，高血压的发病率也比一般工人高。

5. 机械制造职业性危害有哪些?

（1）生产性粉尘。在型砂配制、制型、落砂、清砂等过程中，可造成使粉尘飞扬，特别是用喷砂工艺修整铸件时，粉尘浓度很高，使用的石英危害较大。在机械加工过程中，对金属零件的磨光与抛光可产生金属和矿物性粉尘，可引起磨工尘肺。电焊时焊药、焊条芯及被焊接的材料，在高温下蒸发产生大量的电焊粉尘和有害气体，长期吸入较高浓度的电焊粉尘可引起电焊工尘肺。

（2）高温、热辐射。机械制造在铸造、锻造和热处理车间的熔炉、干燥炉、熔化的金属、热铸件、锻造及热处理车间的加热炉和炽热的金属部件都会产生强烈的热辐射，形成高温环境，严重时会引起中暑。

（3）有害气体。熔炼炉和加热炉可产生一氧化碳或二氧化碳，加料口处的浓度往往很高；用酚树脂等作黏合剂时产生的甲醛和氨；黄铜熔炼时产生氧化锌铜烟，引起“铸造热”；热处理时可产生有机溶剂蒸汽，如苯、甲苯、甲醇等；电镀时可产生铬酸雾、镍酸雾、硫酸雾及氰化氢；电焊时产生的氧化碳和氮氧化物；喷漆时可产生苯、甲苯及二甲苯蒸气。

(4) 噪声、振动和紫外线。机械制造过程中，使用砂型捣固机、风动工具、锻锤、砂轮磨光、铆钉等，均可产生强烈的噪声；电焊、气焊、亚弧焊及等离子焊接产生的紫外线，如防护不当均可引起电光性眼炎。

(5) 重体力劳动和外伤、烫伤。在机械化程度较差的企业，浇铸、落砂、手工锻造等都是较繁重的体力劳动，即使使用气锤或水压机，因需要变换工件的位置和方向，体力劳动强度也很大；同时，还要在高温下作业，故易引起体温调节和心血管系统功能的改变。在铸造和锻造作业中由于铁水、钢水、铁屑、铁渣飞溅，外伤及烫伤率较高，发生眼、手指外伤的事故较多。另外，金属切削过程中使用的冷却液对工人的皮肤也有一定的危害。

6. 化工行业有哪些职业性危害?

化工行业属于高危行业，在生产过程的各个环节，生产中的原料、辅料、半成品、废弃物等，都可能是有毒有害个体的来源。有毒有害化学品可经皮肤、呼吸道或消化道进入人体，可损害人体组织和器官，导致多种疾病甚至造成急性中毒死亡，还可能产生遗传后果。

1）神经系统

慢性中毒早期常见神经衰弱综合征和精神症状，一般为功能性改变，脱离接触后可逐渐恢复。铅、锰中毒可损伤运动神经、感觉神经，引起周围神经炎。震颤常见于锰中毒后遗症或急性一氧化碳中毒后遗症。重症中毒时可发生脑水肿。

2）呼吸系统

一次吸入某些气体可引起窒息，长期吸入刺激性气体可引起慢性呼吸道炎症，可出现鼻炎、咽炎、气管炎等上呼吸道炎症，能引起严重的呼吸道病变，如化学性肺水肿和肺炎。

3）血液系统

许多毒物对血液系统能够造成损害，常表现为贫血、出血、溶血、高铁血红蛋白以及白血病等。铅可引起低血色素贫血。苯及三硝基甲苯等毒物可抑制骨髓的造血功能，使白细胞和血小板减少，严重者可发展为再生障碍性贫血。一氧化碳与血液中的血红蛋白结合形成碳氧血红蛋白，造成组织缺血。

4）消化系统

汞盐、砷等毒物经口进入人体后，可出现腹痛、恶心、呕吐或出血性肠胃炎。铅及铊中毒后，可出现剧烈、持续性的腹绞痛，并有口腔溃疡、牙龈肿胀，牙齿松动等症状。长期吸入酸雾，可使牙釉质破坏、脱落，患酸蚀症。吸入大量氟气，牙齿上会出现棕色斑点，牙质脆弱，造成氟斑牙。许多损害肝脏的毒物，如四氯化碳、溴苯、三硝基甲苯等，易引起急性或慢性肝病。

5）泌尿系统

汞、铀、砷化氢、乙二醇等可引起中毒性肾病。如急性肾功能衰竭、肾病综合征和肾小管综合征等。

6）其他部位

生产性毒物还可引起皮肤、眼睛、骨骼病变。许多化学物质可引起接触性皮炎、毛囊炎。接触铬、铍的工人，皮肤易发生溃疡，如长期接触焦油、沥青、砷等可引起皮肤黑变病，甚至诱发皮肤癌。酸、碱等腐蚀物质可引起刺激性眼炎，严重者可引起化学性灼伤，溴甲烷、有机汞、甲醇等中毒，可导致视神经萎缩，以至失明。有些工业毒物还可诱发白内障。

7. 常见职业性中毒有哪些症状?

(1) 铅中毒。铅是常见的工业毒物。职业性铅中毒主要为慢性中毒。早期常感乏力、食欲不振、肌肉关节酸痛等，随后可出现神经衰弱综合征、食欲不振、腹部隐痛、便秘等。病情加重时，出现四肢末端麻木，触觉、痛觉减退等神经炎表现，并有握力减退症状。少数患者在牙龈边缘有蓝色“铅线”。重者可出现肌肉活动障碍。腹绞痛是铅中毒的典型症状，多发生于脐周部，也可发生在上腹部或下腹部。每次发作可持续几分钟到几十分钟，还可出现中度贫血，有时伴发高血压。

(2) 汞(水银)中毒。慢性汞中毒是职业性汞中毒中最常见的类型，在汞污染较重的作业环境中逐渐发病。初起常表现为神经衰弱综合征，头晕、头痛、乏力、睡眠障碍、记忆力减退、脱发等。随病情进展，可出现典型的“汞兴奋症”，情绪不稳、急躁、易兴奋、激动、恐惧、胆怯、害羞、好哭、注意力不集中。个别患者有焦虑不安、抑郁、幻觉、孤僻等表现。检查可见“汞性震颤”，严重者写字、吃饭、系扣等动作都发生困难。

(3) 一氧化碳中毒。一氧化碳急性中毒的典型症状有明显的头痛、头昏、四肢无力、恶心、呕吐，甚至昏迷，还可出现脑水肿、心肌损害、肺水肿等并发症。

(4) 硫化氢中毒。硫化氢急性中毒的典型症状有明显的头痛、头晕，出现意识障碍；或有明显的黏膜刺激症状，出现咳嗽、胸闷、视物模糊、眼结膜水肿及角膜溃疡等，重症者可出现昏迷、肺水肿、呼吸循环衰竭或“电击样”死亡。

(5) 苯中毒。急性苯中毒主要表现为中枢神经系统症状，轻者起初有黏膜刺激症状，随后出现兴奋或酒醉状态，并伴有头晕、恶心、呕吐等。重症可出现阵发性或强制性抽搐、脉搏弱、呼吸浅表、血压下降、昏迷等，甚至发生呼吸衰竭而死亡。

慢性苯中毒最常见表现为神经衰弱综合征，主要症状为头痛、头晕、记忆力减退、失眠等，有的出现植物神经功能紊乱，如心动过速或过缓，个别晚期病例可有四肢末端麻木和痛觉减退的表现。

职业中毒的诊断较为复杂，患者就医时应向医生详细说明职业史（如车间、工种、工龄及劳动现场可能接触到的职业危害因素等），这对医生作出准确的诊断尤为重要。

8. 预防生产性中毒有哪些措施?

由接触生产性毒物而引起的中毒，被称为职业中毒。生产性毒物对人体会产生“三致”作用，即致突变作用、致畸作用和致癌作用。

（1）致突变作用，是指生物机体的遗传物质在化学、物理、生物因素的作用下，发生突然的根本变异。

（2）致畸作用，是指生产性毒物对胚胎产生各种不良影响，导致畸胎、死胎、胎儿生长迟缓或某些功能不全等缺陷。

（3）致癌作用，是指作业场所中的某些致癌物，可导致人体细胞突变，产生肿瘤。

预防职业中毒的主要措施有：

（1）消除毒物。从生产工艺流程中消除有毒物质，用无毒物或低毒物代替有毒物，改变产生有害因素的工艺过程、技术设备，实现生产的密闭化、机械化和自动化，使作业人员脱离或减少直接接触有毒物质的机会。

（2）密闭、隔离有害物质污染源，控制有害物质逸散。对逸散到作业场所的有害物质要采取通风措施，控制有害物质的飞扬、扩散。

（3）加强对有害物质的监测，控制有害物质的浓度，使其低于国家有关标准规定的最高容许浓度。

（4）加强对毒物及预防措施的宣传教育。建立安全生产责任制、卫生责任制和岗位责任制。

（5）加强个人防护。在存放毒物的作业场所作业，应使用防护服、防护面具、防毒面罩、防尘口罩等个人防护用具。

（6）提高机体免疫力。因地制宜地开展体育锻炼，注意休息，加强营养，做好季节性多发病的预防。

（7）接触毒物作业的人员要定期进行健康检查、换岗作业。

9. 如何预防中毒窒息的危害？

中毒指机体过量接触化学毒物，从而引发组织结构功能损害和代谢障碍而发生疾病或死亡；窒息指人体的呼吸过程由于某种原因受阻或异常，产生全身各器官组织缺氧而引起的组织细胞代谢障碍、功能紊乱和形态结构损伤的病理状态。

1）中毒窒息的原因

（1）违章作业。如爆破后通风时间不足就进入工作面作业，人员没有按要求撤离到不会发生炮烟中毒的巷道等。

（2）通风设计不合理，使炮烟长时间在作业区滞留，如独头巷道掘进时没有设置局部通风，没有足够的风量稀释炮烟，通风时间过短等。

（3）警戒标志不合理或没有标志，人员意外进入通风不畅或长期不通风的盲巷、采空区、硐室等。

（4）突然遇到含有大量窒息性气体、有毒气体或粉尘的地质构造，大量窒息性气体、有毒气体、粉尘突然涌到采掘工作面或其他人员作业场所，人员没有来得及采取防护措施。

（5）意外情况。如意外的风流短路，人员意外进入炮烟污染区并长时间停留，意外的停风等。

2）中毒窒息的危害

（1）轻度中毒、窒息，会使人感到头痛、眩晕、耳鸣、恶

心、呕吐、心悸、无力等。

（2）中度窒息，除上面的症状加重外，尚有面色潮红、口唇樱桃红色、脉快、多汗、烦躁、步态不稳、嗜睡，甚至昏迷。

（3）重度中毒窒息，可使人迅速昏迷，持续数小时甚至数天，深度中毒常并发肺炎、肺水肿、心肌损害、甚至导致死亡。

3）预防中毒窒息措施

（1）进入作业现场前，要详细了解现场的具体情况和以往事故情况，并有针对性地准备空气检测与防护器材。

（2）进入现场后，首先对工作场所进行氧气、硫化氢、一氧化碳等气体检测，确认安全后方可进行作业。

（3）对作业面可能存在的电、高温、低温及危害物质进行有效隔离。

（4）要经常通风换气，保证作业现场有充足的新鲜空气。

（5）进入作业现场时应佩戴隔离式空气呼吸器或氧气报警器和过滤式空气呼吸器。

（6）必要时，配备专业的监护员和应急救援人员。

10. 有限空间作业应采取哪些安全措施？

有限空间是指与外界相对隔离，进出口受限，自然通风不良，只够容纳一人进入从事非常规、非连续性作业的密闭空间。有限空间包括大水箱、水塔、下水道、水井、油罐（槽车）的内部空间和船的底舱；盛装物品的筒舱、水池、矿坑、巷道、阴沟、蓄粪池、纸浆槽、化工沉淀池、污水处理池、河水沉淀池、窨井、船舱等。

有限空间事故的原因主要有两种，一是直接吸入有毒气体；二是因缺氧而导致窒息（当空气中的浓度小于6%时，人会在几分钟内死亡）。

鉴于有限空间作业易对作业者造成严重的健康危害，因此作业人员务必注意自身安全。

1）准入管理

（1）进入有限空间作业，作业人员应得到作业负责人的准许，并且必须经过上岗前和在岗期间的安全卫生培训，确保操作者掌握进入有限空间环境下安全操作的知识和技能，作业时至少有一名监护者在有限空间外负责监护作业者。

（2）作业前要有预防措施。不要轻易相信自己的感觉，盲目进入有限空间。有条件的话，应先用仪器检测或放入小动物“探路”，观察有无异常现象；下去前，应先通风排气，自然通风不能少于半小时，以保证空间内有足够维护生命的氧气；氧气含量应在 18% 以上，可燃性气体浓度应低于爆炸下限的 10%；一般情况下，禁止直接向有限空间输送氧气，防止空气中氧浓度过高导致爆炸。

2）加强作业中防护

（1）在作业中应持续保持强制性通风，保证能稀释作业过程中释放出的有害物质，并满足呼吸需要，强制通风时应把通风管道延伸至有限空间底部。

（2）当有害物质浓度较高时，作业人员必须按国家标准选择和佩戴空气呼吸器、氧气呼吸器或软管送气面罩等呼吸防护用品，严禁使用过滤式面具。

（3）应根据需要配备通信工具、安全绳索等。

（4）在没有照明或临时照明的情况下，不准任何人进入有限空间。

（5）有限空间内严禁使用明火照明。

3）及时正确处理事故

（1）一旦发生缺氧窒息、中毒等事故时，救援人员在得到作业负责人准许后，穿戴好符合要求的呼吸防护用品，迅速将窒息者或中毒者移至户外露天处，施以人工呼吸或其他急救措施，

尽快送往医院救治。

（2）当有限空间内人员出现异常情况时，空间外人员在未做好准备的情况下，千万不能盲目去救，以免造成更大的伤亡。

11. 噪声对人体有哪些危害？

在生产过程中，由于机器转动、气体排放、工件撞击与摩擦等所产生的噪声被称为生产性噪声。噪声会引起听力损伤，破坏听神经。噪声过强会造成听觉器官的受损，影响神经系统、消化系统和免疫系统，影响休息和睡眠，虽不致命，但会严重影响人体健康。

生产性噪声可分为以下几种：

（1）机械性噪声。机器转动、摩擦、撞击而产生的噪声。如各种车床、纺织机、凿岩机、轧钢机、球磨机等机械所发出的声音。

（2）空气动力性噪声。由于气体体积突然发生变化而引起压力突变或气体中有涡流，引起气体分子扰动而产生噪声。如鼓风机、通风机、空气压缩机、燃气轮机等发出的声音。

（3）电磁性噪声。由于电机中突变力相互作用而产生噪声。如发电机、变压器、电动机所发出的声音。

噪声对人体的影响是全身性的、多方面的。噪声会妨碍正常的工作和休息，在噪声环境中工作，人容易感觉疲乏、烦躁，以及注意力不集中、反应迟钝、准确性降低等。噪声可直接影响作业能力和效率。由于噪声掩盖了作业场所的危险信号或警报，使人不易察觉，往往会导致事故的发生。长期接触强烈噪声会对人体产生以下有害影响：

（1）噪声会对听力系统造成损害。在噪声作用下，可导致永久性听力下降，引起噪声聋；极强噪声可导致听力器官发生急性外伤，即爆震性耳聋。

（2）长期接触噪声可导致大脑皮层兴奋和抑制功能的平衡失调，出现头痛、头晕、心悸、耳鸣、疲劳、睡眠障碍、记忆力减退、情绪不稳定、易怒等症状。

（3）长期接触噪声可引起身体的其他系统的应激反应，如可导致心血管系统疾病加重，引起肠胃功能紊乱等。

（4）引起事故的发生。强烈噪声可导致某些机器、设备、仪表的损坏或精度下降；在某些场所，强烈的噪声可掩盖警告声响，引起安全生产事故。

12. 如何控制或减小作业场所的噪声危害？

按照规定，企业的生产车间和作业场所的工作地点噪声标准为 85 分贝（A），但不得超过 90 分贝（A），作业人员每天接触噪声时间不超过 8 小时。根据企业种类和条件，噪声标准可相应放宽，但无论接触时间多短，噪声的声强最高不得超过 115 分贝（A）。

减少噪声的危害措施：

（1）采取技术措施控制噪声的产生。通常采取吸声、消声、隔声、减震的方法，使其强度符合国家规定的要求。吸声是在工作场所内设置吸收声音的装置，使噪声强度降低。隔声是利用隔声材料将噪声发生源包围，阻断噪声的传入和传出。减振就是减少振动，从而降低噪声。

（2）控制噪声的传播。用吸声材料、吸声结构和吸声装置将噪声源封闭，防止噪声传播，常用的吸声装置有隔声墙、隔声罩、隔声地板、隔声门窗等。用吸声材料铺装室内墙壁或悬挂于室内空间，可以吸收辐射和反射的声能，降低传播中噪声的强度。常用的吸声材料有玻璃棉、矿渣棉、毛毡、泡沫塑料、棉絮等。要合理规划厂区、厂房，在有强烈噪声的生产作业场所周

围，应设置良好的绿化防护带，车间墙壁、顶面、地面等应使用吸声材料。

（3）加强个人防护，合理使用防护用具。

① 合理使用耳塞。防噪声耳塞、耳罩具有一定的防噪声效果。根据耳道大小选择合适的耳塞，隔声效果可达 30 ~ 40 分贝（A），对高频噪声的阻力隔效果更好。

② 改善劳动作业安排。在工作中可穿插休息时间，休息时离开噪声环境，限制噪声作业的工作时间，以减轻噪声对人体的危害。

（4）加强卫生保健措施。

① 接触噪声的作业人员应定期进行体检，以听力为重点，对于已出现听力下降者，应加以积极治疗和观察，重患者应调离原工作岗位。

② 就业前体检或定期体检中发现有明显的听觉器官疾病，心血管病、神经系统器官性疾病者，不能从事强烈噪声的工作。

13. 振动作业对人体有哪些危害？

在生产过程中，振动对人体可分为局部振动和全身振动。有些工种所受的振动以局部振动为主，有些工种所受的振动以全身振动为主，有些工种作业则同时受两种振动的作用。

1）产生振动的因素

在生产过程中，由于设备运转、撞击或运输行驶等产生的振动。

（1）捶打工具。如锻造机、冲压机、空气锤等。

（2）电动工具。如电钻、冲击钻、砂轮、电锤等。

2）振动对人体的危害

（1）神经系统。表现为大脑皮层功能下降，条件反射潜伏期延长或缩短，皮肤感觉迟钝，触觉、温热觉、痛觉、振动觉功能下降等。

（2）心血管系统。出现心动过缓、窦性心律不齐、传导阻滞等病症。

（3）肌肉系统。出现握力下降、肌肉萎缩、肌纤维颤动和疼痛等症状。

（4）骨组织。可引起骨质和关节改变，出现骨质增生、骨质疏松、关节变形、骨硬化等病症。

（5）听觉器官。表现为听力损失和语言能力下降。

（6）全身振动引起足部周围神经和血管变化，出现足痛、易疲劳、腿部肌肉触痛等病症。引起脸色苍白、出冷汗、恶心、呕吐、头痛、头晕、食欲不振、胃机能障碍、肠蠕动不正常等病症。

3）防止振动危害措施

（1）改革工艺。用液压机、焊接和高分子粘连工艺代替铆接工艺、用液压机代替锻压机等减少振动的发生源。

（2）改革工作制度，专人专机，合理使用减振劳动防护用品。

（3）建立合理的劳动制度，限制作业人员每日接触振动的时间。

（4）在有可能产生较大振动设备的周围设置隔离沟，衬以橡胶、软木等减振材料，以确保振动不外传。

（5）对振动源采取减振措施，如用弹簧、减振阻尼器，减少振动的传递距离；给汽车等运输工具的座椅加泡沫垫等，以减弱运行中由各种振源传来的振动。

（6）利用尼龙机件代替金属机件，可降低机器的振动。

（7）及时检修机器，预防因零件松动而引起的振动，消除机器运行中的空气流和涡流等减少振动。

14. 电磁辐射对人体有哪些危害?

电磁辐射是以电磁波的形式在空间向四处传播，作业人员可能接触放射性物质的辐射。放射性辐射一旦作用于人体的细胞、组织和体液，就会直接破坏机体结构或使人体神经内分泌系统调节发生障碍。当人体受到的放射线照射超过一定剂量时，便可产生一系列的病变，严重的可造成死亡。电磁辐射分为非电离辐射和电离辐射。

1）非电离辐射

（1）射频辐射。一般来说，射频辐射对人体的影响不会导致组织器官的器质性损伤，主要引起功能性改变，并具有可逆性特征。在停止接触数周或数月后往往可以恢复，但在大强度长期辐射作用下，对心血管系统的症候持续时间较长，并有进展性倾向。微波作业对健康的影响会出现中枢神经系统和植物神经系统功能紊乱，以及心血管系统的变化。

（2）红外线。红外线能引发白内障，灼伤视网膜。其影响在电气焊、熔吹玻璃、炼钢等作业中多有发生。红外线引起的职业性白内障被列入国家规定的职业病名单。

（3）紫外线。强烈的紫外线辐射作用可引起皮炎，表现为弥漫性红斑，有时可出现小水泡和水肿，并有发痒、烧灼感。皮肤对紫外线的感受性存在明显的个体差异。如皮肤接触沥青后经紫外线照射，能产生严重的光感性皮炎，并伴有头痛、恶心、体温升高等症状，长期受紫外线作用，可发生湿疹、毛囊炎、皮肤萎缩、色素沉着，甚至可诱发皮肤癌。作业场所比较多见的是紫外线对眼睛的损伤，即电光性眼炎。

（4）激光。激光对人体的危害主要是热效应和光化学效应。激光对健康的影响主要是对眼部的影响和对皮肤造成损伤。被机体吸收的激光能量转变成热能，在短时间内（几毫秒）使机体组织局部温度升得很高（200～1000 摄氏度）。机体组织内的水分受热时骤然汽化，局部压力剧增，使细胞和组织受冲击波作用，发生机械性损伤。眼部受激光照射后，可突然出现眩光感，视力模糊，或眼前出现固定黑影，甚至视觉丧失。

2）电离辐射

电离辐射又称放射线，是引起物质电离的辐射的总称。人体在短时间内受到大剂量电离辐射会引起急性放射病。长时间受超剂量照射将引起全身性疾病，出现头昏、乏力、食欲消退、脱发等神经衰弱症候群。受大剂量照射，不仅当时机体产生病变，而且照射停止后还会产生远期效应或遗传效应，如诱发癌症、后代患小儿痴呆症等。电离辐射引起的职业病有：全身性放射性疾病（如急、慢性放射病）；局部放射性疾病（如急、慢性放射性皮炎及放射性白内障）；放射所致远期损伤（如放射所致白血病）。

15. 预防电磁辐射危害有哪些措施？

1）非电离辐射防护

（1）对高频电磁场的防护，可用铝、铜、铁等金属屏蔽材料包围场源以吸收或反射场能。

（2）对微波的防护，通常是敷设微波吸收器。同时，根据微波发射具有方向性的特点，作业人员的工作位置应尽量避开辐射流的正前方。

（3）对激光的防护。应将激光束的防光罩与光束制动阀及放大系统截断器联锁。同时，保障激光操作间采光照明要好，工作台表面及室内四壁应用深色材料装饰，室内不宜放置反射、折射光束设备和物品。

2）电离辐射的防护

（1）凡是接触电离辐射的作业人员，必须经过放射卫生防

护的上岗教育和培训。

(2) 尽量选用危害小的辐射源或者封隔辐射源，提高接受设备灵敏度以减少辐射源的用量。

(3) 采用屏蔽材料、加大接触距离、缩短接触时间等技术措施，以预防外照射危害。

(4) 采用净化作业场所空气等办法，尽量减少或杜绝放射性物质进入人体内，避免造成内照射危害。

(5) 佩戴并正确使用防护用品，主要是穿铜丝网制成的防护服，佩戴防护眼罩等。

16. 在有放射源的场所作业应采取哪些防护措施?

(1) 严格执行放射源使用和保管的安全操作规程与制度。

(2) 严格控制辐射剂量，随时检查辐射剂量，建立个人接受辐射剂量卡，保证在容许的辐射剂量下工作。

(3) 缩短受照射时间，工作时可实行轮换操作制度。

(4) 操作位置应尽量远离放射源，距离放射源越远，受辐射危害越小，如使用机械手远距离操作。

(5) 采用屏蔽材料（如混凝土、铅）遮挡放射源发出的射线。

(6) 操作中严格遵守个人卫生防护措施，正确穿工作服、戴工作帽，防止放射性物质污染皮肤或经口进入体内。

(7) 加强宣传教育，掌握辐射危害的卫生知识和防护措施。非相关操作人员不要盲目进入有放射源警示标志的作业场所。

(8) 定期检查，对接触放射源的作业人员实行就业前健康检查和定期健康检查制度。

17. 高温作业对人体有哪些危害?

作业地点气温在 30 摄氏度以上，相对湿度超过 80% 以上，且伴有强烈热辐射的作业，均属于高温强热辐射作业。在高温环境下作业，会对人体产生多方面的不利影响。

（1）在高温环境下作业，可导致人体体温上升。如果体温超过 38 摄氏度，有人会表现出头痛、头晕、心慌等病症。

（2）高温作业者由于排汗增多而丧失大量水分、盐分，若不能及时得到补充，可出现工作效率降低、乏力、口渴、脉搏加快、体温升高等现象。

（3）在高温条件下作业，皮肤血管扩张，血管紧张度降低，可使血压下降。因在高温下作业，造成大量出汗使血液浓缩，易使心脏活动增加、心跳加快、血压升高、心血管负担增加。

（4）在高温条件下，高温对唾液分泌有抑制作用，并可使胃液分泌减少，胃蠕动减慢，造成食欲不振；大量出汗和氯化物的丧失，可使胃液酸度降低，易造成消化不良。此外，高温可使小肠的运动减慢，形成其他肠胃道疾病。

（5）在高温下作业，人体的大部分体液由汗腺排出，从而使尿液浓缩，肾脏负担加重，有时可以导致肾功能不全。

（6）在高温、热辐射环境下作业，会出现中枢神经系统抑制肌肉的工作能力，动作的准确性、协调性、反应速度及注意力均会降低，容易发生工伤事故。

防暑降温采取的主要措施：

（1）做好防暑降温的组织保障，教育农民工遵守高温作业安全规程和卫生保健制度。

（2）改革工艺、设备和操作方法，尽量实现机械化、自动化，使用仪表控制，消除高温和热辐射对人体的危害。

（3）隔热，利用石棉、玻璃纤维等导热系数小的材料包包

敷热源。

(4) 通风。利用自然风或机械通风的方法，交换车间内外的空气。

(5) 保证休息。高温下作业应尽量缩短工作时间，可采用小换班、增加工作休息次数，延长午休时间等方法。休息地点应远离热源，并备有清凉饮料、风扇、洗澡设备等。有条件的可在休息室安装空调或采取其他的防暑降温措施。

(6) 高温作业人员应适当饮用合乎卫生要求的含盐饮料，以补充人体所需的水分和盐分。应增加蛋白质、热量、维生素等的摄入，以减轻疲劳，提高工作效率。

(7) 加强个人防护。高温作业的工作服应结实、耐热、宽大、便于操作，应按不同作业需要，及时供给工作帽、防护眼镜、隔热面罩、隔热靴子等。

(8) 高温作业人员，应进行就业前和入暑前体检，凡有血管系统疾病、肺气肿、肝病、肾病等疾病的人员不宜从事高温作业。

18. 如何预防中暑?

中暑是指在高温和热辐射的长时间作用下，机体体温调节出现障碍，水、电解质代谢紊乱及神经系统功能损害的症状。

1) 产生中暑的原因

(1) 在长时间强烈日光照射情况下，由于流汗导致的脱水和末端血管的扩张，造成全身血液循环降低。

(2) 水分和盐分的补给赶不上大量的流汗，形成了脱水症状。

(3) 大量流汗后只补给充足的水分，而盐分和矿物质补给不足。

(4) 下视丘的温热中枢受到障碍，发生体温调节机能丧失时发生。

2）中暑的危害

（1）先兆中暑危害。在高温环境中，中暑者出现头晕、眼花、耳鸣、恶心、胸闷、心悸、无力、口渴、大汗、注意力不集中、四肢发麻等，此时体温正常或稍高，一般不超过37.5摄氏度。此为中暑的先兆表现，若及时采取措施，如迅速离开高温现场等，多能阻止中暑的发展。

（2）轻度中暑危害。除有先兆中暑表现外，还有面色潮红或苍白、恶心、呕吐、气短、大汗、皮肤热或湿冷、脉搏细弱、血压下降等呼吸、循环衰竭的早期表现，此时体温超过38摄氏度。

（3）重度中暑危害。除先兆中暑、轻度中暑的表现外，并伴有昏厥、昏迷、痉挛或高热。重度中暑常伴有：

中暑高热。体内有大量热蓄积，中暑者可出现嗜睡、昏迷、面色潮红、皮肤干热、无汗、呼吸急促、心率增快、血压下降、高热，体温可超过40摄氏度。

中暑衰竭。体内没有大量积热，中暑者出现面色苍白、皮肤湿冷、脉搏细弱、呼吸浅而快、晕厥、昏迷、血压下降等。

中暑痉挛。与高温无直接关系，而发生在剧烈劳动与运动后，由于大量出汗后只饮水而未补充盐水，导致血钠、氯化物、血钾降低，而引起阵发性疼痛性肌肉痉挛（俗称抽筋），口渴，尿少，但体温正常。

日射病。即强烈的阳光照射头部，造成颅内温度增高。中暑者出现剧烈头痛、头晕、恶心、呕吐、耳鸣、眼花、烦躁不安、神志障碍，重者发生昏迷，体温可轻度增高。

3）中暑的防范

（1）脱离高温环境，迅速将中暑者转移至阴凉通风处休息，使其平卧，头部抬高，松解衬口。

（2）补充液体。如果中暑者神志清醒，并无恶心、呕吐，

可饮用含盐的清凉饮料、茶水、绿豆汤等，以起到既降温，又补充血容量的作用。

（3）人工散热。可采用电风扇吹风，且防止造成感冒。

（4）冰敷，也可头部、腋下、腹股沟等大血管处放置冰袋（把冰块、冰棍、冰激凌等放入塑料袋内，封严密即可），并可用冷水或30%酒精擦浴直到皮肤发红。

（5）量体温。每10～15分钟测量1次体温。

4）防暑降温

（1）加强作业场所通风换气，疏散热源。

（2）隔热降温。

（3）加强个体防护。

（4）对从事高温作业人员，定期进行身体检查。

（5）及时提供补充人体必需的清凉饮料。

第八章 急救自救安全常识

农民工是在我国改革开放大潮中成长壮大的一支新型劳动大军，为我国经济建设挥洒着辛勤的汗水。但由于许多农民工缺乏安全意识和安全操作技能，给其自身带来伤害。例如，有人触电，就急忙上前去拉，结果自己也同样触电；一听到着火，没有搞清火源，一拥而上，结果又发生爆炸，造成更大伤亡；发生坠落或淹溺事故后，不懂如何救护，延误了救治时间，使本来可以救治的没能救治，失去了宝贵的生命等。因此，增强安全生产意识，掌握安全生产技能，提高应急自救能力非常重要。

1. 急救自救的原则是什么？

（1）事故发生后，不要惊慌失措，保持冷静，设法维持好现场的秩序。

（2）采取应急措施时，预先估计可能产生的后果。

（3）听从领导、安全管理人员或有经验同事的指挥和安排。

（4）要根据不同的事故及人员伤势情况，采取不同措施，如立即停电、断电，使受害人脱离致伤物。抢救触电人员时，必须在切断电源后进行，并注意保护受伤者的受伤部位，进行伤口止血、包扎、固定、人工呼吸等挽救措施，并立即联系车辆，送往医院。

（5）在周围环境不危及生命的条件下，一般不要随更搬动伤员。

（6）如发生意外而现场无人时，应向周围大声呼救，请人帮助或设法联系有关部门，不要单独留下伤员而无人照管。

（7）遇到严重事故、灾害或中毒时，除急救呼叫外，还应立即向当地政府安全生产主管部门及卫生、防疫、公安等有关部门报告事故现场位置、伤员有多少、伤情如何、做过什么处理等情况。

（8）发生化学灼伤的皮肤或眼部应即用水冲洗，然后再送往医院。

（9）伤员较多时，应根据伤情对伤员分类抢救，处理的原则是先重后轻、先急后缓、先近后远。

（10）对呼吸困难、窒息和心跳停止的伤员，立即将伤员头部置于后仰位，托起下颚，使呼吸道畅通，同时施行人工呼吸、胸外心脏按压等复苏操作。

（11）对伤情稳定，估计运转途中不会加重伤情的伤员，应迅速组织人力，利用各种交通工具转运到附近的医疗机构。

（12）发生事故后，不管是轻微伤害还是无伤害，都要按规定立即报告单位领导或有关部门，绝不能隐瞒。

（13）对伤员暂不要给喝任何饮料和进食。

（14）现场抢救必须服从有关领导的统一指挥，不可各自为政，自行其是。

2. 现场急救应首先了解伤员哪些情况？

现场急救处理前，首先要了解伤员的主要伤情，特别是对重要的体征不能忽略遗漏。

（1）心跳。心跳是生命的基本特征，正常人每分钟心跳 60 ~ 100 次。严重创伤、大出血伤员，脉搏弱而快，每分钟跳 120 次以上时多为早期休克。伤员死亡时，心跳停止。

（2）呼吸。呼吸也是生命的基本特征，人在正常情况下每分钟呼吸 16 ~ 20 次。重危伤员的呼吸多变快、变浅、不规则；

伤员临死前，呼吸变缓慢、不规则直至停止呼吸。在观察危重伤员呼吸时，由于呼吸微弱，难以看到胸部明显的起伏，可以用小片棉花或小薄纸条、小草等放在伤员鼻孔旁，观察这些物体是否随呼吸来回飘动，以此来判定有无呼吸。

（3）瞳孔。正常人两只眼睛的瞳孔等大、等圆，遇到光线照射时可以迅速收缩。当伤员受到严重伤害时，两侧的瞳孔常会不一样大，可能缩小或扩大。当用电筒光突然照射瞳孔时，瞳孔不缩小或收缩迟钝。

3. 从高处坠落摔伤人员怎样急救？

高处坠落包括由地面 2 米以上高处坠落和由地面向地坑、地井坠落。坠落产生的伤害主要是脊椎损伤、内脏损伤和骨折。为避免抢救方法不当而使伤情扩大，抢救时应注意以下几点：

（1）发现坠落伤员，首先看清是否清醒，能否自主活动。若能站起来或移动身体，则要让其躺下用担架抬送或用车送往医院。某些内脏受伤害，当时可能感觉不明显。

（2）若伤员已不能动或不清醒，切不可乱抬，更不能背起来送医院，这样极容易拉脱伤者脊椎，造成永久性伤害。此时，应进一步检查伤者是否骨折。若有骨折，应采用夹板固定。

（3）送往医院时应先找一块能平躺的木板，然后在伤者一侧将小臂伸入伤者身下，并有人分别托住头、肩、腰、腿等部位，同时用力，将伤者平稳放在木板上，抬着木板送往医院。

（4）若坠落在地坑内，也要按上述程序救护。若地坑内杂物太多，应由几个人小心抬抱，放在平板上抬出。若坠落地井中，无法让伤者平躺时，则应小心将伤者抱入筐中吊上来。施救时应严禁让伤者脊椎、颈椎受力。

4. 对埋压人员如何急救？

（1）扒救伤员时要注意不损伤身体。靠近伤员身边时，挖掘动作要轻巧稳重，以免对伤员造成伤害。

（2）如果确知伤员头部位置，应先扒去其头部石块、土泥，以使头部尽早露出外面。头部扒出后，要立即清除口腔、鼻腔的污物。同时继续扒身体其他位置。

（3）压埋常会使伤员骨折，因此，挖掘与抬离时要十分小心，严禁用手去拉伤员双脚或用粗鲁动作，以免加重伤势。

（4）当伤员呼吸困难或停止呼吸时，可进行口对口人工呼吸。

（5）有大出血伤者，应立即止血。

（6）有骨折者，应用夹板固定。如怀疑有脊椎骨折、应用硬板担架转运，千万不能由人扶持或抬运。

（7）对长期被困在矿井下人员，严禁用矿灯照射遇险人员的眼睛，而应用毛巾、衣服、纸张等蒙住其眼睛。

（8）用棉花或纸张等堵住伤员双耳。

（9）注意保温。

（10）如在井下，不能立即升井时，应将其放在安全地点逐渐适应环境和稳定情绪。等情绪稳定，体温、脉搏、呼吸及血压等稍有好转后，方可升井送往医院。

（11）搬运伤员时要轻抬轻放，缓慢行走，注意伤情变化。

（12）升井后和治疗初期，应劝阻亲属探视，以免伤员过度兴奋发生意外。

（13）不能让伤员吃过量或硬的食物限量吃一些稀软、易消化的食物，使肠胃功能逐渐恢复。

5. 发生触电事故如何急救?

触电急救的基本原则是动作迅速，方法正确。有资料证明，从触电后 1 分钟开始救治者，90% 有良好效果；从触电后 6 分钟开始救治者，10% 有良好效果；而触电 12 分钟后开始救治者，救活的可能性很小。

（1）要使触电者迅速脱离电源。发生触电事故时，切不可惊慌失措，首先要迅速关闭开关、切断电源。同时，用木棒、皮带、橡胶制品等绝缘物品挑开触电者身上的带电物体。立即拨打报警救助电话。为防止触电者脱离电源后的摔伤，特别是触电者在高处时，应采取防摔措施。

（2）解开妨碍触电者呼吸的紧身衣服、检查触电者的口腔、清理口腔黏液，如有假牙，则应取下。

（3）立即就地抢救。当触电者脱离电源后，应根据触电者的具体情况，迅速对其救护。主要救护方法是人工呼吸法和胸外心脏按压法。急救要尽快进行、不能等医生到来再抢救，在送往医院的途中，也不能中止急救。

（4）当人触电后，身上带有电流，抢救者必须先使触电者安全脱离电源后，现场人员才可施救。

（5）救护人员不准直接用手去拖拉触电者，不准用其他金属或潮湿的物体作为救护工具，应使用绝缘工具，并防止在场其他人员再次触电。使用绝缘工具以单手操作为宜。在触电者未脱离电源前，不能触碰触电者身体。

（6）迅速观察伤员有无呼吸和心跳，如发现已停止呼吸或心音微弱，应立即进行人工呼吸或胸外心脏按压；若心跳和呼吸都已停止，应同时进行人工呼吸和胸外按压。

（7）对触电者，若有其他损伤，如烧伤、跌伤、出血等应作相应的急救处理。

6. 对中毒或溺水者如何急救？

1）对中毒者

（1）立即将伤员从危险区抢救运送到新风流中、取平卧位。

（2）立即将伤员口、鼻内的黏液、血块、泥土、脏物等除去，解开上衣和腰带脱掉鞋子。

（3）用衣服盖在伤员身上保暖。

（4）根据心跳、呼吸、瞳孔等特征以及伤员的神志情况，初步判定伤情的轻重。

（5）当伤员出现眼红肿、流泪、畏光、喉痛、咳嗽、胸闷现象时，说明是受二氧化硫中毒所改。当出现眼红肿、流泪、喉痛及手指、头发呈黄褐色现象时，说明伤员是二氧化氮中毒。一氧化碳中毒的显著特征是嘴唇呈桃红色，两颊有红斑点。

（6）对二氧化硫、二氧化氮的中毒者只能进行口对口的人工呼吸，不能进行压胸或压背法的人工呼吸。

2）对溺者

人员溺水时，可能造成呼吸困难而窒息死亡。

（1）转送。把溺水者从水中救出后，立即送到比较暖和空气流动的地方松开腰带，脱掉湿衣服，盖上干衣服保暖。

（2）检查。检查溺水者的口、鼻，如果有泥水和污物堵塞，应迅速清除，擦洗干净，以保持呼吸道畅通。

（3）控水。将溺水者取仰卧位，用毛巾、衣服等垫在其肚子下面；施救者左腿跪下，把溺水者腹部放在右侧大腿上，使其头朝下，按压其背部，迫使水从体内流出。

（4）上述控水效果不理想时，应立即做俯卧压背法、人工呼吸或对口吹气法，或胸外心脏按压法。

7. 发生化学烧伤如何急救?

（1）生石灰烧伤。迅速清除石灰颗粒，用大流动的洁净冷水冲洗10分钟以上，尤其是眼内烧伤更应彻底冲洗。切忌将受伤部位用水浸泡，防止生石灰遇水产生大量热量而加重烧伤。

（2）磷烧伤。迅速清除磷以后，用大量流动的洁净冷水冲洗10分钟以上；然后用5%的碳酸氢钠或食用苏打水湿敷外面，使外面与空气隔绝，防止磷在空气中氧化燃烧而加重烧伤。

（3）强酸烧伤。强酸包括硫酸、盐酸、硝酸。皮肤被强酸烧伤应立即用大量清水冲洗至少10分钟；同时立即脱掉被污染的衣服。还可用4%的碳酸氢钠或2%的食用苏打水冲洗。

（4）强碱烧伤。强碱包括氢氧化钠、氢氧化钾、氧化钾等。皮肤被强碱烧伤应立即用大量清水冲洗创面，直到皂样物质消失为止；也可用食醋或2%的醋酸冲洗。

（5）强酸烧伤眼部。首先采取冲洗方法，即用手将伤者眼部撑开，把面部浸入清水中，将头轻轻摇动。冲洗时不少于20分钟。切忌用手或手帕揉眼睛，以免增加创伤。

（6）如发生吸入性烧伤，并出现咳血性泡沫痰、胸闷、流泪、呼吸困难、肺水肿等症状时。此时要注意保持呼吸道畅通，可用2%~4%的碳酸氢钠雾化吸入。

（7）强碱烧伤眼部，要用清水冲洗20分钟以上，严禁用酸性液体冲洗眼部。

8. 发生毒气泄漏如何逃生?

（1）发生毒气泄漏事故时，现场人员不可惊慌，应按照平时应急预案的演习步骤，井然有序地撤离。如果事故现场已有救护消防人员或专人引导，逃生时要服从指挥。

（2）从毒气泄漏现场逃生时，要抓紧时间，任何贻误时机行为都可能带来灾难性的后果。

（3）逃生要根据泄漏物质的特性，佩戴相应的个体防护用具。如果现场没有防护用具或者防护用具数量不足，也可应急使用湿毛巾或衣物捂住口鼻逃生。

（4）沉着冷静地确定风向，然后根据毒气泄漏源位置，向上风向或逆风向逃生。另外，根据泄漏物质的相对密度，选择沿高处或低洼处逃生，但切忌在低洼处滞留。

（5）逃离泄漏区后，应立即到医院检查，必要时进行排毒治疗。

（6）毒气泄漏发生时，若没有穿戴防护服，绝不能进入事故现场救人。这样不但救不了别人，自己还会受到伤害。

9. 发生窒息伤员如何急救？

（1）通风。加强全面通风或局部通风，用大量新鲜空气对中毒区的有毒有害气体浓度进行稀释冲洗，待有害气体浓度降到容许浓度时，方可进入现场抢救。

（2）做好防护。救护人员在进入危险区域前必须戴好防毒面具、自救器等防护用品，必要时也应给中毒者戴上。迅速将中毒者从危险的环境转移到安全、通风的地方，如果伤员失去知觉，可将其放在毛毯上提拉，或抓住衣服，头朝前移出去。

（3）如果是一氧化碳中毒，中毒者还没有停止呼吸，则应立即松开中毒者领口、腰带，使中毒者能够顺畅地呼吸新鲜空气；如果呼吸已停止但心脏还在跳动，则应立即进行人口呼吸，同时针刺人中穴；若心脏跳动也停止了，应迅速进行胸外心脏按压，同时进行人工呼吸。

（4）对于硫化氢中毒者，在进行人工呼吸之前，要用浸透食盐溶液的棉花或手帕盖住中毒者的口鼻。

（5）如果是瓦斯或二氧化碳窒息，情况不太严重时，可把窒息者移到空气新鲜的场所稍作休息；若窒息时间较长，就要进行人工呼吸抢救。

（6）如果毒物污染了眼部和皮肤，应立即用水冲洗；对于口服毒物的中毒者，应设法催吐，简单有效的办法是用手指刺激舌根；若误服腐蚀性毒物，可口服牛奶、蛋清、植物油等对消化道进行保护。

（7）救护中，抢救人员一定要沉着，动作迅速。对任何处于昏迷状态的中毒人员，必须尽快送往医院进行急救。

10. 发生热烧伤伤员怎样急救？

火焰、开水、蒸汽、热液体或固体直接接触人体引起的烧伤，都属于热烧伤。热烧伤的救护方法有：

（1）轻度烧伤或不严重的肢体烧伤，应立即用清水冲洗或将患肢浸泡在冷水中10～20分钟，如不方便浸泡，可用湿毛巾或布单盖在患部，然后浇冷水，以使伤口尽快冷却降温，减轻损伤。穿着衣服部位如烧伤严重，不要先脱衣服，否则易使烧伤处的水泡、皮肤一同撕掉，造成伤口创面暴露，增加感染机会。而应立即朝衣服上面浇冷水，待衣服局部温度快速下降后，再轻轻脱去衣服或用剪刀剪开褪去衣服。

（2）若烧伤处已有水疱形成，则对小水泡不要随便弄破，对大水泡应到医院处理或用消过毒的针刺小孔排出疱内液体，以免影响外面修复，增加感染机会。

（3）烧伤创面一般不做特殊处理，不要在外面涂抹任何有刺激性的药膏或不清洁油剂。保持创面及周围清洁即可。较大面积烧伤用清水冲洗后，应用干净纱布或布单覆盖外面，并尽快送往医院治疗。

（4）火灾引起烧伤时，伤员着火的衣服应立即脱去，如果

一时难以脱下来，可让伤员卧倒在地滚压灭火，或用水浇灭火焰。切勿带火奔跑或用手帕打，否则可能使火势借风势越烧越旺，使手被烧伤。同时也不可在火场大声呼喊，以免导致呼吸道烧伤。要用湿毛巾捂住口鼻，以防烟雾吸入导致窒息或中毒。

11. 发生眼外伤伤员怎样急救？

（1）轻度眼伤，如眼进异物，可叫现场同伴翻开眼皮用干净的手指、纱布将异物拨出。如眼中溅入化学物质，要及时用水冲洗。

（2）重度眼伤，可让伤者仰躺，施救者设法支撑其头部，并尽可能使其保持静止不动，千万不要试图拨出进入眼中的异物。

（3）见到眼球鼓出或从眼球脱出的东西，不可把它推回眼内，以免把能恢复的伤眼弄坏。

（4）立即用消毒纱布轻轻盖上伤眼，如没有纱布可用洗过的干净毛巾覆盖，再缠上布条，缠时不可用力，以不压及伤眼为原则。

（5）做完上述处理后，立即送医院再做进一步的治疗。

12. 发生火灾时如何避险和逃生？

（1）沉着冷静，辨明方向，迅速撤离危险区。如果火灾现场人员较多，切不可慌张，不要相互拥挤、盲目乱冲乱撞、相互践踏，以防造成意外伤害。

（2）火灾撤离时要朝明亮或外面空旷的地方跑，同时向楼梯下面跑。进入楼梯后，在不确定下面楼层是否着火时，可以向下逃生，决不可往上跑。若通道已被烟火封阻，则应背向烟火方向撤离，通过阳台、气窗、天台等往室外逃生。如果现场烟雾很大或断电，能见度低，无法辨明方向，则应贴近墙壁或按指示灯的指示摸索前进，找到安全出口。

(3) 如果逃生要经过充满烟雾的路线，为避免浓烟呛入口鼻、可使用湿毛巾或口罩蒙住口鼻，同时使身体尽量贴近地面或匍匐前行。穿过烟火封锁区时，可向头部、身上浇冷水或用湿毛巾，湿棉被、湿毯子等将头和身体裹好，再冲出去。

(4) 在高层建筑中，电梯的供电系统在火灾发生时会随时断电。因此，发生火灾时千万不要乘普通电梯逃生，而要根据情况选择进入相对安全的楼梯，消防通道、有外窗的通廊等。还可以利用建筑物的阳台、窗台、天台屋顶的通廊等攀到周围的安全地点。

(5) 在救援人员不能及时赶到的情况下，可迅速利用身边的绳索或床单、窗帘、衣物等自制成简易救生绳，有条件最好用水浸湿，然后从窗台和阳台沿绳缓滑到下面楼层或地面；还可以沿着水管、避雷线等建筑凸出物滑到地面逃生。

(6) 逃避到安全场所，等待救援。如用手摸房门已感到烫手，或已知房间被大火或烟雾围困，此时切不可打开房门，否则火焰与浓烟会顺势冲进房间。这时可采取制造避难所、固守待援的办法。首先应关紧迎火的门窗，打开背火的门窗，用湿毛巾或湿布条塞紧窗缝隙，或者用水浸湿棉被蒙上门窗，并不停地泼水降温，同时用水淋透房间内的可燃物，防止烟火侵入。

(7) 设法发出信号、寻求外界帮助。被烟火围困时无法逃离的人员，应尽量站在阳台或窗口等易于被人发现和能避免烟火近身的地方。白天可以向窗外晃动颜色鲜艳的衣物；晚上可以用手电筒不停地在窗口闪动或者利用敲击金属物、大声呼救等方式，以引起救援者的注意。

13. 如何进行人工呼吸急救?

人工呼吸是事故急救过程中常用的一种方法，一般适用于触电休克、溺水、有害气体中毒、窒息或外伤窒息等引起的呼吸停止、假死状态者。一旦发现心跳呼吸停止，首要的抢救措施就是迅速进行人工呼吸和胸外心脏按压，若是煤气中毒所致的晕厥，应先将其搬运至空气流通处，以保持有效通气和血液循环、保证重要脏器的氧气供应。

人工呼吸方法很多，有口对口吹气法、俯卧压背法、仰卧压胸法等，尤以口对口吹气式人工呼吸最为方便和有效。

（1）在施行人工呼吸前，先将伤员运送到安全，通风良好的地点，将伤员领口解开，放松腰带，注意保持体温，腰背部垫上软的衣服等。

（2）先清除伤员口中脏物，把舌头拉出或压住，防止堵住喉咙，妨碍呼吸。

（3）病人取仰卧位，用纱布或手帕盖住伤者鼻孔，不使漏气，用口对着患者的口用力吹气，直到胸壁扩张为止。

（4）停止吹气，将捏住的鼻孔放开，使胸壁自然回缩，将肺内气体排出。

（5）重复上述动作，每分钟 15 次。

（6）在急救过程中，注意给体温过低的伤员保暖。

（7）在一种方法不管用时，可以使用多种方法。比如，病人口腔有严重外伤或牙关紧闭时，可对其鼻孔吹气（必须堵住口）等。

（8）在进行口对口的过程中，若发现伤员有轻微的自然呼吸时，人口呼吸应与自然呼吸的节律相一致。当自然呼吸有好转时，可暂停人工呼吸数秒并密切观察。若自然呼吸仍不能完全恢复，应立即继续进行人工呼吸，直至呼吸完全恢复正常为止。

14. 怎样进行心脏按压法?

1）仰卧压胸法

（1）使伤员仰卧在比较坚实的地面或地板上，解开衣服，清除口内异物，然后进行急救。

（2）救护人员蹲跪在伤员腰部一侧，或跨跪在其腰部，两手相叠。将掌根部放在被救护者胸骨下 1/3 部位，即把中指尖放在其颈部凹陷的下边缘，平掌的根部就是压点。

（3）救护人员两臂肘部伸直，掌根略带冲击的用力垂直下压，压陷深度为 3～5 厘米。成人每秒钟按压一次，太快和太慢效果都不好。

（4）按压后，掌根迅速全部放松，让伤员胸部自动复原。放松时掌根不必完全离开胸部。按以上过程连续不断地进行操作，每秒钟一次。按压时定位必须准确，压力要适当，不可用力过猛，以免挤压出胃中的食物，堵住气管，影响呼吸，或造成肋骨折断，气血胸和内脏损伤等。也不能用力过小，而起不到按压的作用。

（5）一旦伤员呼吸和心跳均已停止，应同时进行口对口（鼻）人工呼吸和胸外心脏按压。如果现场只有 1 人救护，两种方法应交替进行，每次吹气 2 次，再按压 10～15 次。在救护人员体力允许的情况下，应连续进行，尽量不要停止，直到伤员恢复呼吸与脉搏跳动，或有专业急救人员到达现场。

2）俯卧压背法

此法与仰卧压胸法操作大致相同，只是伤员俯卧，救护者跨跪在伤员大腿上。这种方法便于排出肺内水分，因而对溺水者急救较为合适。

3）胸外心脏按法

此法适用于各种原因造成的心跳骤停者。在胸外心脏按压

前，应先做心前区叩击术，如果叩击无效，应及时、正确进行胸外心脏按压。其操作方法是：

（1）将伤员仰卧在木板上或地上，解开其上衣和腰带，脱掉鞋子。

（2）救护者位于伤员左侧，手掌面与前臂垂直，一手臂面压在另一手掌面上，使双手重叠于伤员胸骨1/3处人其下方为心脏，以双肘和臂肩之力有节奏地、冲击式地向脊柱方向用力按压，使胸骨压下3~4厘米（有胸骨下陷的感觉就可以了）。

（3）按压后，迅速抬手使胸骨复位，以利于心脏的舒张。按压次数，以每分钟60~80次为宜。按压过快，心脏舒张不够充分，心室内血液不能完全充盈；按压过慢、动脉压力低，效果不佳。

4）心前区叩击术

心跳骤停后立即叩击前区，叩击力中等，一般可连续叩击3~5次，并观察脉搏、心音，若恢复则表示复苏成功；反之，应立即放弃，改用胸外心脏按压法。操作时，要使伤员头低脚高，施法者以左手掌置于心前区，右手握权在左手背上轻叩。

15. 如何对伤员进行止血急救？

成年人大约有5000毫升血液，当伤员出血量达到2000毫升左右，就会有生命危险，必须紧急对伤员止血。止血的方法有指压止血法（用手掌或手指压迫伤口近心端动脉）、加垫屈肢止血法、止血带止血法等。止血用的物品要干净，防止污染伤口；止血带使用不能超过一小时，不能用金属丝、线带等作为止血带。

1）指压止血法

即在伤口附近靠近心脏一端的动脉处，用拇指压住出血的血管，以阻断血流。此法是用于四肢大出血的暂时性止血措施。在指压止血的同时，应立即寻找材料、准备换用其他止血方法。

2）加垫屈肢止血法

当前臂和小腿动脉出血不能制止时，如果没有骨折和关节脱位，可采用加垫屈肢止血法。

在肘窝处或膝窝处放入叠好的毛巾或布卷，然后屈肘关节或屈膝关节，再用绷带或宽带条等将前臂与上臂或小腿与大腿固定。

3）止血带止血法

当上肢或下肢大出血时，可就地取材，使用软胶管或衣服、布条等作为止血带，压迫出血伤口的近心端进行止血。

止血带的使用方法为：

（1）在伤口近心端上方先加热。

（2）急救者左手拿止血带，上端留 5 寸，紧贴加垫处。

（3）右手拿止血带长端，拉紧环绕伤口近心端上方 2 周，然后将止血带交左手中、食指夹紧。

（4）左手中、食指夹住血带，顺着肢体下拉成环。

（5）将上端一头插入环中拉紧固定。

（6）在上肢应扎在上臂的上 1/3 处，在下肢应扎在大腿的中下 1/3 处。

16. 如何对伤员进行包扎急救?

包扎的目的是保护伤口和外面皮肤，减少污染，止血止痛，固定敷料。如加压包扎有止血的作用；用夹板固定骨折的肢体以减少继发性损伤，也便于送往医院。

包扎时使用的材料主要有绷带、三角巾、头巾等。现场进行急救外伤包扎可就地取材，用毛巾、手帕、衣服撕成的布条等进行。

1）布条包扎法

（1）环形包扎法。该法适用于头部、颈部、腕部及胸部、

腰部等处。将布条做出环形重叠缠绕肢体数圈即成。

（2）螺旋形包扎法。该法适用于前臂、下肢和手指部位的包扎。先用环形法固定起始端，再把布条渐渐地斜旋上缠或下缠，每圈压前圈的一半或1/3，呈螺旋形，尾部在原位上缠两圈后予以固定。

（3）螺旋反折包扎法。该法多用于粗细不等的四肢包扎。开始先做螺旋形包扎，等到渐粗的地方，以一手拇指按在布条上面，另一手将布条自该点反折向下，并遮盖前圈的一半或1/3。各圈反折须排到整齐，反折头不宜在伤口和骨头突出部分。

（4）“8”字包扎法。该法多用于关节处的包扎，先在关节中部环形包扎两圈，然后以关节为主心，从中心向两边缠，一圈向上，一圈向下，两圈在关节屈侧交叉，并压住前圈的1/2。

2）毛巾包扎法

（1）头部包扎法。一种是把毛巾盖在头顶部，包住前额，两角拉向头后打结，或两后角拉向下颚打结。另一种是将毛巾横着在头顶部，包住前额，两前角拉向头后打结，然后两后角向前折叠，左右交叉绕到前额打结。如毛巾太短可接带子。

（2）面部包扎法。将毛巾横置于面部，向后拉紧毛巾的两端，在耳后将两端的上、下角交叉后分别打结，眼、鼻、嘴处剪洞。

（3）下颚包扎法。将毛巾纵向折叠成四指宽的条状，在一端扎一小带，毛巾中间部分包扎住下颚，两端上提，小带经头顶部在另一侧耳前与毛巾交叉，然后小带绕前额及枕部与毛巾另一端打结。

（4）肩部包扎法。单肩包扎时，毛巾斜折放在伤肩部，腰边穿带子在上臂固定，叠角向上折，一角盖住肩的前部，从胸前拉向对侧腋下；另一角向上包住肩部，从后背拉向对侧腋下打结。

（5）胸部包扎法。全胸包扎时，毛巾对折，中间穿带子，由胸部围绕到背后打结固定。胸前的面片毛巾折成三角形，分别将角上提至肩部，包住双侧胸，两角各加带过肩到背的与横带相遇打结。

（6）背部包扎与胸部包扎法相同。

（7）腹部包扎法。将毛巾斜对折，中间穿小带，小带的两头拉向后方，在腰部打结，使毛巾盖住腹部。将上、下两片毛巾的前角各扎一个小带，分别绕过大腿根部与毛巾的后角在大腿外侧打结。

（8）臂部包扎与腹部包扎法相同。

17. 如何对伤员进行骨折固定?

骨折固定是为了防止滑折部位移动，避免骨折端移动时损伤血管、神经、肌肉和组织，减轻伤员痛苦，防止创伤休克。

（1）进行骨折固定时，应使用夹板、绷带、三角巾、棉垫等物品。

（2）骨折固定应包括上、下两个关节，在肩、肘、腕、股、膝、踝等关节处应垫棉花或衣物，以免压破关节处皮肤，固定应以伤肢不能活动为度，不可过松或过紧。

（3）固定时动作要轻，固定要牢，松紧要适度，皮肤与夹板间要用一些衣服或毛巾之类的东西，防止因局部受压而引起坏死。

（4）要注意伤口和全身状况，伤员休克或大出血时，先要（或同时）处理休克、止血；刺出伤口的骨头不要送回伤口，以防加重感染的可能。

（5）在处理开放性骨折时，局部要做清洁消毒处理，用纱布将伤口包好，严禁把暴露在伤口外的骨折端送回伤口内，以免造成伤污染和再次刺伤血管与神经。

（6）对于大腿、小腿、脊椎骨折的伤者，一般应就地固定，

不要随便移动伤者，不要盲目复位，以免加重损伤程度。如上肢受伤，可将伤肢固定于躯干；如下肢受伤，可将伤肢固定于另一健肢。

（7）骨折固定所用的夹板长度与宽度要与骨折肢体相称，其长度一般以超过骨折上下两个关节为宜。

（8）固定用的夹板不应直接接触皮肤。在固定时可将纱布、三角巾、毛巾、衣物等软材料垫在夹板和肢体之间，特别是夹板两端、关节骨头突起部位和间隙部位，可适当加厚垫，以免引起皮肤磨损或局部组织压迫坏死。

（9）固定、捆绑的松紧度要适宜，过松达不到固定的目的，过紧影响血液循环，导致肢体坏死。固定四肢时，要将指（趾）端露出，以便随时观察肢体血液循环情况。如出现指（趾）苍白、发冷、麻木、疼痛、肿胀、甲床青紫等症状时，说明固定、捆绑过紧，血液循环不畅，应立即松开，重新包扎固定。

（10）对四肢骨折固定时，应先捆绑骨折端处的上端，后捆绑骨折端处的下端。如捆绑次序颠倒，则会导致再度错位。上肢固定空时，肢体要屈着绑（屈肘状）；下肢固定时，肢体要伸直绑。

18. 如何正确搬运伤员？

在对伤员进行急救之后，就要立即把伤员送往医院。此时，正确地搬运伤员非常重要。如果搬运不当，可使伤情加重，严重时还可能造成神经、血管损伤，甚至瘫痪，难以治疗。因此，对伤员的搬运应十分小心。

（1）如果伤员不重，可采用扶、掮、背、抱的方法将伤员运去。

① 单独扶着行走。左手拉着伤员的手，右手扶着伤员的腰部，慢慢行走。此法适用于伤势不重、神志清醒的伤员。

② 肩膝手抱法。伤员不能行走，但上肢还有力量，可让伤员钩在搬运者颈上。此法禁用于脊柱骨折的伤员。

③ 背驮法。先将伤员支起，然后背着走。

④ 双人结手搬运法。双人搬运可一人搬托双下肢，一人搬托腰部。在不影响伤情下，还可用桥式或拉车式运送。

⑤ 两人平抱法。两个搬运者站在同侧，抱起伤员走。

（2）担架搬运法。

① 担架可用特制的担架，也可以用绳索、衣服、毛毯等做成简易担架。

② 由3～4人合成一组，小心谨慎地将伤员移上担架。

③ 伤员的头部在后、以使后面抬担架的救助者随时观察伤情的变化。

④ 抬担架时要尽量做到轻、稳、快。

⑤ 向高处抬时（如走上坡），前面的人要放低，后面的人要抬高，以保持担架水平状；走下坡时则相反。

（3）不同伤情采用不同搬运法。

① 脊柱骨伤员的搬运。对于脊柱骨折的伤员，一定要用木板做的硬担架抬运。应由2～4人搬运，使伤员成一线起落，步调一改。切忌一人抬胸，一人抬腿。将伤员放到担架上以后，要让他平卧，腰部垫一个靠垫，然后用3～4根皮带把伤员固定在木板上，以免搬运中滚动或跌落，造成脊柱移位或扭转，刺激血管和神经，使下肢瘫痪。无担架、木板时，需众人用手搬运时，抢救者必须有一人双手托住伤者腰部，切不可单独一人用拉、拽的方法抢救伤者，否则易把伤者的脊柱神经拉断，造成下肢永久性瘫痪的严重后果。

② 颅脑伤昏迷者的搬运。搬运时要两人以上，重点保护头部。将伤员放到担架上，采取半卧位，头部侧向一边，以免呕吐物阻塞气道而窒息。如有暴露的脑组织，应加以保护。抬运前，颈部给以软松，膝部、肘部应用衣物垫好，头颈部两侧垫衣物以

使颈部固定，防止来回摆动。

③ 颈椎骨伤负的搬运。搬运时，应由一人稳定头部，其他人以协调力量将其平直抬到担架上，头部左右两侧用衣物、软枕加以固定，防止左右摆动。

④ 腹部损伤者的搬运。严重腹部损伤者，多有腹腔脏器从伤口脱出，可采用布带、绑带做一个略大的环圈盖住加以保护，然后固定。搬运时采取仰卧位，并使下肢屈曲，防止腹压增加而使肠管继续脱出。

第九章　防护用品使用安全常识

生产过程中，存在着各种危险和有害因素，可能会伤害到劳动者的身体和健康，有时甚至会导致人员伤亡。因此，在作业中佩戴劳动防护用品是保护劳动者安全与健康的有效措施。

1. 劳动防护用品有多少种类?

劳动防护用品的种类很多，根据《劳动防护用品分类与代码》的规定，主要可分为头部防护用品、呼吸器官防护用品、眼面部防护用品、听觉器官防护用品、手部防护用品、足部防护用品、躯干防护用品、护肤用品、防坠落用品九大类。

（1）头部防护用品。主要有一般防护帽、防尘帽、防水帽、防寒帽、安全帽、防静电帽、防高温帽、防电磁辐射帽、防昆虫帽等。

（2）呼吸器官防护用品。按功能又分为防尘口罩和防毒口罩（面罩），按形式又分为过滤式和隔离式两类。

（3）眼面部防护用品。主要有防水、防尘、防冲击、防高温、防电磁辐射、防射线、防化学飞溅、防风沙、防强光等。

（4）听觉器官防护用品。主要有耳塞、耳罩和防噪声盔等。

（5）手部防护用品。主要有一般性防护手套、防水手套、防毒手套、防静电手套、防振手套、防切割手套、防高温手套、防 X 射线手套、防酸碱手套、防油手套、绝缘手套等。

（6）足部防护用品。主要有防尘鞋、防水鞋、防寒鞋、防静电鞋、防酸碱鞋、防油鞋、防烫脚鞋、防滑鞋、防刺穿鞋、电

绝缘鞋、防震鞋等。

（7）躯干防护用品。主要有一般防护服、防水服、防寒服、防碰背心、防毒服、阻燃服、防静电服、防高温服、防电磁辐射服、耐酸碱服、防油服、水上救生衣、防昆虫服、防风沙服等。

（8）护肤用品。主要有防毒、防腐、防射线、防油漆等不同功能的护肤用品。

（9）防坠落用品。主要有安全带和安全网。

2. 如何正确使用劳动防护用品？

生产劳动过程中，由于作业环境条件异常，或缺乏安全装置或安全装置有缺陷，或由于突发性事故，往往会发生工伤或职业危害。为防止工伤事故和职业危害的发生，必须使用劳动防护用品。如在密闭的有毒有害介质容器内从事清洗、抢修作业，必须佩戴防毒面具；操作高速旋转的机床时，必须戴防护眼镜；在噪声高的冲压、铸造等车间作业，必须戴耳塞或耳罩；在高处作业必须佩戴安全带；在上下交叉施工的地区作业必须戴安全帽等。使用劳动防护用品注意事项：

（1）选择防护用品应针对防护目的，正确选择符合要求的用品，绝不能选错或将就使用，以免发生事故。

（2）对使用防护用品的人员应进行教育培训，使其能充分了解使用的防护用品性能和作用，并正确使用。对于结构和使用方法较为复杂的用品，如呼吸防护器，应反复进行训练，使从业人员能熟练使用。用于紧急救灾的呼吸器，要定期严格检验，并妥善存放在可能发生事故的地点附近，方便取用。

（3）妥善维护保养防护用品。耳塞口罩、面罩等用后应用肥皂、清水洗净，并用药液消毒、晾干。过滤式呼吸防护器的滤料要定期更换，以防失效。防止皮肤污染的工作服用后应集中清洗。

（4）选择劳动防护用品要注意适用性，必须根据不同的工种和作业环境以及使用者的自身特点等选用合适的防护用品。如耳塞和防噪声帽（有大小型号之分），如果选择的型号太小或太大，就不会很好的起到防噪声的作用。

（5）防护用品应有专人管理，负责维护保养，保证劳动防护用品充分发挥其作用。

3. 如何选用劳动防护用品？

劳动防护用品使用单位应到劳动防用品定点经销单位或劳动防护用品定点生产厂家购买，所购买的劳动防护用品必须经本单位的安全技术部门验收合格后才能使用。

（1）使用单位需购置、选用符合国家标准并有产品检验证的劳动防护用品。

（2）购置、选用的劳动防护用品必须具有产品合格证。

（3）购置、选用的特种劳动防护用品必须有安全标志。

（4）根据作业环境有害因素的特性和危险隐患的类型及劳动强度等因素选择有效的防护用品。

（5）使用单位必须建立劳动防护用品定期检查和失效报废制度；根据安全生产、防止职业伤害的需要，按照不同工种、不同劳动条件发放劳动防护用品。

（6）所有劳动防护用品在其产品中都应附有安全使用说明书，用人单位应教育劳动者正确使用。

（7）使用劳动防护用品前，必须认真检查其防护性及外观质量。

（8）使用的劳动防护用品应与防御的有害因素相匹配。

（9）正确佩戴、使用个人劳动防护用品。

（10）严禁使用过期或失效的劳动防护用品。

4. 高处作业如何正确使用防护用品?

安全帽、安全带、安全网被称为建筑施工安全中的“三宝”。在施工作业中，作业人员只有正确使用安全帽，系好安全带，搭好安全网，才能保证自己和他人的安全。

1）戴好安全帽

（1）选用经有关部门检验合格和其上有“安鉴”标志的安全帽。

（2）戴帽前先检查外壳是否破损，有无合格帽衬，帽带是否齐全，如果不符合要求立即更换。

（3）调整好帽箍、帽衬（4~5 厘米），系好帽带。

2）系好安全带

（1）选择经有关部门检验合格的安全带，并保证在有效期内。

（2）安全带严禁打结、续接。

（3）使用中，要可靠地挂在牢固的地方，高挂低用，且要防止摆动，避免明火和刺割。

（4）在进行 2 米以上的悬空作业时，必须使用安全带。

（5）在无法直接挂设安全带的地方，应设置挂安全带的安全绳、安全栏杆等。

3）搭好安全网

（1）施工现场使用的安全网的质量必须符合标准要求，并要定期进行抽样检测检验，对检测试验不合格的安全网要坚决报废，不得使用。

（2）安全网若有破损、老化应及时更换。

（3）安全网与架体连接不宜绷得太紧，系结点要沿边分布均匀、绑牢。

（4）立网不得作为平网使用。

（5）立网必须选用密目式安全网。

5. 如何正确使用安全带？

安全带是预防作业人员从高处坠落时的防护用品。

（1）在使用安全带时，应检查安全带是否经质检部门检验合格，仔细检查各部分构件有无破损，金属配件的各种环不得是焊接件，边缘应光滑，产品上应有安全鉴定证。

（2）安全带上的任何部件都不得私自拆换。

（3）在用围杆安全带时，围杆绳上要有保护套，不允许在地面上随意拖拽，以免损伤绳套，影响主绳。

（4）悬挂安全带时应高挂低用，不得低挂高用，因为低挂高用在坠落时受到的冲击力大，对人体伤害也会更大。作业时要防止摆动、碰撞，避免尖刺，不得接触明火，不能将钩直接挂在安全绳上，应挂在连环上。

（5）严禁使用打结和续接的安全绳，也不允许打结，以免发生坠落受冲击时将绳从打结处切断。

（6）作业时应将安全带的挂钩、环挂在系留点上，各卡接扣紧，以防脱落。

（7）架子工单腰带一般使用短绳较安全，如需用长绳，以选用双背带式安全带为宜。

（8）使用3米以上长绳时，应考虑补充措施，如在绳上加缓冲器、自锁钩或速差式自控器等。

（9）在温度较低的环境中使用安全带，要注意防止安全绳的硬化割裂。

（10）使用后，应将安全带、绳卷成盘放在无化学试剂或避光处，切不可折叠。在金属配件上涂些机油、以防生锈。

（11）安全带使用2年后，应做一次试验，若不断裂则可继续使用。安全带使用期限一般为3～5年，发现异常应提前报废。

6. 如何正确穿着防护服?

防护服是对作业人员身体起防护作用的劳动保护用品。防护服的主要功能是保护劳动者免受劳动环境中的物理、化学和生物等因素的危害。正确穿着的方法是:

(1) 易燃易爆工作场所应穿着棉布防护服。

(2) 可燃性粉尘工作场所应穿着棉布防护服。

(3) 低温作业应穿着防寒服。

(4) 有毒有害作业应穿防毒防护服。

(5) 机械加工时应穿着一般防护服。

(6) 水上作业、涉水作业应穿着防水服。

(7) 带电作业应穿着绝缘防护服。

如没有条件配置防护服时,应穿着具有保护性的服装。

(1) 白帆布保护服能使人体免受高温的烘烤,并有耐燃烧的特性,主要用于冶炼、浇铸和焊接等工种。

(2) 劳动布保护服对人体能起一定屏蔽保护作用,主要用于非高温、重体力作业的工种,如检修、起重机电气等工种。

(3) 涤卡布保护服能对人体起一般屏蔽防护作用,主要用于后勤和职能人员等岗位。

7. 如何正确佩戴安全帽?

安全帽是对人体头部免受坠落物及其他危害因素引起的伤害起防护作用的帽子。在建筑、矿山、冶金、石油勘探、隧道工程、森林采伐等作业场所的作业人员,都可能造成头部伤害。头部一旦受到冲击伤害就可能引起脑震荡、颅出血、脑膜挫伤、颅骨损伤等,从而造成轻者致残、重则危及生命。因此,在作业中,作业人员必须戴好安全帽。

1）安全帽的防护作用

（1）防止物体打击伤害。在生产中容易发生物体、工具等从高处坠落或抛出击中头部造成伤害。佩戴安全帽可以防止物体打击等伤害事故的发生。

（2）防止高处坠落伤害头部。在进行安装、维修、攀登作业时可能会发生坠落事故，从而伤及头部导致死亡，使用安全帽可有效减轻伤害。

（3）防止机械性损伤。可以防止旋转的机床、叶轮、皮带运输等将作业人员的头发卷入其中。

（4）防止污染毛发。在油漆、粉尘等作业中，存在化学腐蚀性物质，可能污染头发和皮肤，使用安全帽可有效防止这种伤害。

2）正确使用安全帽

（1）首先检查安全帽的外壳是否破损（如有破损不可再用），有无合格帽衬（帽衬的作用是吸水和缓解冲击力，若无帽衬，则丧失了保护头部的功能），帽带是否完好。

（2）所戴安全帽要有下颚带和后帽箍，并拴系牢，以防帽子滑落或碰掉。如果不系紧下颚带，一旦发生构件坠落打击，安全帽就容易掉下来，导致严重后果。

（3）热塑性安全帽可用清水冲洗，不得用热水浸泡，不能放在暖气片、火炉上烘烤，以防帽体变形。

（4）安全帽使用年限超过规定限值，或者受到较严重的冲击以后，要予以更换。植物枝条编织的安全帽有效期为2年，一般塑料安全帽使用期限为两年半，玻璃钢（包括维纹钢）和胶质安全帽的有效期限为三年半，超过有效期的安全帽应报废。

（5）使用者不能随意在安全帽上拆卸或添加附件，以免影响其原有的防护功能。

（6）使用者不能随意调节帽衬的尺寸，以免直接影响安全帽的防护性能，安全帽佩戴不牢可直接伤害佩戴者。

（7）不能私自在安全帽上打孔，不要随意碰撞安全帽，不能将安全帽当板凳坐，以免影响其强度。

（8）佩戴安全帽时一定要将安全帽戴正、戴牢，调整好帽衬与帽壳内顶的间距（4~5 厘米），不能晃动，要系紧下颚带，调节好后箍以防安全帽脱落。

（9）安全帽不能在有酸、碱或化学试剂污染的环境中存放，不能放置在高温、日晒或潮湿的场所中，以免其老化变质。

8. 如何正确穿用防护鞋?

1）防护鞋的种类

防护鞋又叫劳动保护鞋，是用于防止生产过程中有害物质或外溢能量损伤劳动者足部的防护用品。防护鞋按照功能分为防尘鞋、防水鞋、防寒鞋、防足趾鞋、防静电鞋、防高温鞋、防酸碱鞋、防油鞋、防烫脚鞋、防滑鞋、防刺穿鞋、电绝缘鞋、防震鞋等 13 类。

2）防护鞋的作用

（1）防止物体砸伤或刺割伤害。如高处坠落物品及铁钉、锐利的物品散落在地面，可能引起砸伤或刺伤。

（2）防止高低温伤害。在冶金行业，作业环境温度高，有强烈辐射热灼烤足部，或有灼热的物料掉入鞋内导致烧伤。另一方面，冬季室外施工作业，足部可能被冻伤。

（3）防止酸、碱性化学品伤害。在作业过程中接触到酸、碱性化学品，可能发生足部被酸、碱灼伤的事故。

（4）防止触电伤害。在作业过程中接触到带电体容易造成触电伤害。

（5）防止静电伤害。静电对人体的伤害主要是引起心理障碍，使人产生恐惧心理，或者发生从高处坠落等二次事故。

3）正确穿用防护鞋

（1）对脚部容易发生外砸伤，如搬运、林业采伐等作业人员都应使用防砸鞋，而不能用其他类型的鞋代替。

（2）重型作业不能穿轻型防护鞋，热加工作业时穿用的防护鞋应具有阻燃和耐热性。

（3）穿用防护鞋，应避免水浸泡，以免影响其使用寿命。

4）正确穿用绝缘鞋（靴）

（1）应根据作业场所电压的高低，正确选用绝缘鞋（靴），低压绝缘鞋（靴）禁止在高压电气设备上作业使用，高压绝缘鞋（靴）可以作为高压和低压电气设备上作业使用。穿低压或高压绝缘鞋（靴）均不得直接用手接触电气设备。

（2）布面绝缘鞋只能在干燥环境中穿用，避免布面潮湿。

（3）穿用绝缘靴时，应将裤管放入靴筒内。穿用绝缘鞋时，裤管不能低于鞋底外沿条高度，更不能触及地面，要保持布料干燥。

（4）非耐酸、碱、油的橡胶底，不可与酸、碱、油类物质接触，要防止被尖锐物刺伤。低压绝缘鞋若底面花纹磨光，露出内部颜色时则不能作为绝缘鞋使用。

（5）购买绝缘鞋（靴）时，应查验鞋上是否有绝缘永久标记，如红色闪电符号，鞋底有耐电压值标记，鞋内是否有合格证、安全鉴定证、生产许可证编号等。

5）正确穿用耐酸（碱）鞋（靴）

（1）耐酸（碱）皮鞋一般只能使用于浓度较低的酸（碱）作业场所，不能浸泡在酸（碱）液中进行较长时间的作业，以防酸（碱）溶液渗入皮鞋内腐蚀足部造成伤害。

（2）耐酸（碱）塑料靴和胶靴，应避免接触高温，预防锐器损伤靴面和靴底，否则将引起渗漏，影响防护功能。

（3）耐酸（碱）塑料靴和胶靴穿用后，应用清水冲洗靴上的酸（碱）液体，然后晾干，避免日光直接照射，以防塑料和橡胶老化脆变，影响使用寿命。

6）正确穿用防静电、导电鞋。

（1）穿用时，不应同时穿绝缘的毛料厚袜及绝缘的鞋垫。

（2）使用防静电鞋的场所应是防静电的地面，使用导电鞋的场所应是能导电的地面。

（3）禁止将防静电鞋当作绝缘鞋使用。

（4）防静电鞋与防静电服应配套使用。

（5）穿用过程中，要按规定进行电阻测试，符合规定才可使用。

9. 如何正确使用防护手套?

1）防护手套的作用

防护手套主要用来防御劳动中物理、化学和生物等外界因素对劳动者手部的伤害。

（1）防止火与高温、低温的伤害。

（2）防止电磁与电离辐射的伤害。

（3）防止电、化学物质的伤害。

（4）防止撞击、切割、擦伤、微生物侵害以及感染。

2）防护手套的种类

防护手套大致分为 12 类，即一般防护手套、防水手套、防寒手套、防毒手套、防静电手套、防高温手套、防 X 射线手套、防酸碱手套、防油手套、防振手套、防切割手套、绝缘手套。每种适合不同的行业和工作，不能混戴。最常用的有以下几种：

（1）厚帆布手套，多用于高温，重体力劳动，如炼钢、铸造等工种。

（2）薄帆布、纱线、分指手套，主要用于检修工、起重机司机和配电工等工种。

（3）翻毛皮革手套，主要用于焊接工种。

（4）橡胶或涂胶手套，主要用于电气、铸造等工种。

（5）绝缘手套，主要用于可能触电的工种。

3）正确使用防护手套

（1）防护手套的品种很多，使用中应根据其防护功能选用。首先应明确防护对象，然后再仔细选用，如耐酸（碱）手套有耐强酸（碱）的、有耐低浓度酸（碱）的，而耐低浓度酸（碱）的手套不能用于接触高浓度酸（碱）。切记勿误用，以免发生意外。

（2）防水、耐酸（碱）手套使用前应仔细检查，观察表面是否破损，简易的检查办法是向手套内吹气，用手捏紧套口观察是否漏气。如漏气则不能使用。

（3）绝缘手套要定期检验绝缘性能，不符合规定的不能用。

（4）戴手套时要考虑到舒适、灵活的要求和防高温防严寒的需求以及便于用其抓起物件。

（5）戴手套时，应注意不要让手腕裸露出来，以防作业时焊接火星或其他有害物溅入袖内造成伤害。

（6）手套要跟手型相吻合，防止手套过长而被卷入机器。

（7）橡胶、塑料等类手套用后应冲洗干净、晾干，保存时避免高温，并在手套上撒上滑石粉以防粘连。

（8）操作旋转机床时禁止戴手套。

10. 如何正确佩戴耳塞、耳罩？

1）耳塞、耳罩的作用

（1）防止机械噪声危害，如由机械的撞击、摩擦、固体的振动和转动而产生的噪声。

（2）防止空气动力噪声的危害，如通风机等产生的噪声。

（3）防止电磁噪声的危害，如发电机、变压器发出的噪声。

2）正确使用耳塞

（1）各种耳塞在佩戴时，要先将耳廓向上提拉，使耳甲腔

呈平直状态，然后用手持耳塞柄，将耳塞帽体部分轻轻推入外耳道内，并尽可能地将耳塞体与耳甲腔相贴合。但不要用力过猛、过急或塞得太深，以自我感觉适度为宜。

（2）戴后感到隔声不良时，可将耳塞稍微缓慢转动，调整到隔声效果最佳的位置。如果经反复调整仍然效果不佳，应考虑改换其他型号耳塞。

（3）反复试用各种不同规格的耳塞，以选择最佳者。

（4）佩戴泡沫塑料耳塞时，应将圆柱体搓成锥体后再塞入耳道，让塞体自行回弹，充满耳道。

（5）佩戴硅橡胶自行成型的耳塞时，应分清左右塞，不能弄错；插入耳道时，要稍微转动放正位置，使之紧贴耳甲腔。

3）正确使用耳罩

（1）使用耳罩时，应先检查罩壳有无裂纹和漏气现象，佩戴时应注意罩壳的方向，顺着耳廓的形状戴好。

（2）将连接弓架放在头顶适当的位置，尽量使耳罩软垫圈与周围皮肤相互贴合。如不合适，应稍微移动耳罩或弓架，将其调整到合适的位置。

无论佩戴耳罩或耳塞，均应在进入有噪声的车间前戴好，工作中不得随意摘下，以免伤害鼓膜。如确需摘下，最好在休息时或离开车间以后，到安静处再摘掉耳塞或耳罩。

耳塞或耳罩软垫用后需用肥皂、清水清洗干净，晾干后收藏备用。橡胶制品应防热变形，并撒上滑石粉储存。

11. 如何正确使用防尘防毒口罩？

1）防尘防毒口罩的作用

（1）防止生产性粉尘的危害。在采矿、铸造、建筑、皮毛、纺织、打磨等作业中，会产生大量粉尘，长期接触会产生尘肺病。这些作业场所应佩戴防尘口罩，以防止吸入粉尘对身体特别是呼吸器管造成损伤。

（2）防止生产过程中有害化学物质的伤害。生产过程中的有害物质，如一氧化碳、笨等侵入人体会引起职业中毒。正确佩戴防毒口罩可防止、减少职业性中毒的发生。

2）自吸过滤式防尘口罩使用注意事项

（1）产品的材质不应对人体有害，不能对皮肤产生刺激和过敏影响。

（2）佩戴方便，与使用者脸部吻合。

（3）防尘用具应专人专用，使用后及时装入塑料袋内，避免挤压、损坏。

3）自吸过滤式防毒口罩使用注意事项

（1）使用前必须弄清作业环境中有毒物质的性质、浓度和空气中的氧含量，在未弄清作业环境前，绝对禁止使用。当毒气浓度大于规定使用范围或空气中的氧含量低于18%时，不能使用自吸过滤式防毒口罩（或防毒面具）。

（2）使用前应检查部件和结合部的气密性，若发生漏气应查明原因。如面罩选择不合适或佩戴不正确，橡胶主体有破损，呼吸阀的橡胶老化变形，滤毒罐（盒）破裂，面罩部件连接松动等。口罩应保持良好的气密状态才能使用。

（3）检查各部件是否完好，导气管有无堵塞或破损，金属部件有无生锈、变形，橡胶是否老化，螺纹接头有无生锈、变形，连接是否紧密。

（4）检查过滤罐表面有无破裂、压伤，螺纹是否完好，罐盖、罐底活塞是否齐全，罐盖内有无垫片，用力摇动时有无响声，口罩袋内紧固滤毒罐的带、扣是否齐全完好。

（5）在检查完各部件后，应对整体防毒口罩气密性进行检查。简单的检查方法是：打开橡胶底塞吸气，如没有空气进入，则证明连接正确，如有漏气，则应检查各部位连接是否正确。

（6）在使用时，应使罩体边缘与脸部紧贴，眼窗中心位置

应选在眼睛正前方下/厘米左右。

（7）根据劳动强度和作业环境空气中有毒物质的浓度，选用不同类型的防毒口罩，如低浓度的作业环境可选用小型滤毒罐的防毒口罩。

（8）在使用过程中必须记录滤毒罐已使用的时间、毒性物质、浓度等。若记录卡片上的累计使用时间达到了滤毒罐规定的时间，应立即停止使用。

（9）在使用过程中，严禁随意拧开滤毒罐（盒）的盖子，防止水或其他液体进入罐（盒）中。

（10）防毒呼吸口罩的眼窗镜片，应防划和摩擦，保持视物清晰。

（11）防毒口罩应专人专用和保管，使用后应清洗、消毒。在清洗和消毒时，应注意温度，不可使橡胶等部件因受温度影响而发生质变受损。

4）供气式防毒呼吸口罩使用注意事项

（1）使用前应检查各部件是否齐全和完好，有无破损、生锈，连接部位是否漏气等。

（2）空气呼吸器使用的压缩空气钢瓶，绝对不允许用于充氧气。所用气瓶应按压力容器的规定定期进行耐压试验，凡已超过有效期的气瓶，在使用前必须经耐压试验合格才能充气。

（3）橡胶制品因会自然老化而失去弹性，从而影响防毒口罩的气密性。一般口罩和导气管应每年更新，呼气阀每 6 个月应更换一次。不经常使用时要保管妥善，口罩和吸气管可 3 年更换一次，呼气阀每年更换一次。

（4）呼吸器不用时应装入箱内，避免阳光照射，存放环境温度应不高于 40 摄氏度。存放位置固定，方便紧急情况时取用。

（5）使用的呼吸器除日常检查外，应每 3 个月（使用频繁时，可少于 3 个月）检查一次。

第十章　尘肺病预防安全常识

尘肺病是由于在生产活动中长期吸入生产性粉尘，并在肺内沉积而引起的以肺组织弥漫性纤维化为主要的全身性疾病。目前，我国法律规定有12种尘肺病：矽肺、煤工尘肺、石墨尘肺、炭黑尘肺、石棉尘肺、滑石尘肺、水泥尘肺、云母尘肺、陶工尘肺、铅尘肺、电焊工尘肺、铸工尘肺。

1. 尘肺病具有哪些特点和症状?

1）尘肺病特点

（1）病因明确。作业环境中存在较高浓度的生产粉尘，是引起尘肺病的主要原因。控制生产性粉尘浓度或采用有效性个人呼吸防护措施可避免或减少尘肺病的发生。

（2）发病缓慢。作业人员在长期吸入超过国家规定标准浓度的粉尘后，经过数月、数年或更长时间才会发生尘肺病。

（3）脱离粉尘作业后仍有可能患尘肺病。

（4）通常在相同作业场所从事作业的均具有一定的发病率。

（5）可防不可治。一旦患上尘肺病很难根治，而且发现越晚，疗效越差。

2）尘肺病症状

（1）气短。起初病人只在重体力劳动或爬坡时感到气短，以后在一般劳动或上坡、上楼梯时均出现气短，甚至不能平卧。

（2）胸闷、胸痛。有的患者开始感到胸部发闷，呼吸不畅或有压迫感，有的则出现间断性胸部隐痛或针刺样痉痛，并有在气候变化或阴雨天加重。晚期病人表现为胸部紧迫感或沉重感。

（3）咳嗽、咳痰。早期患者一般仅有干咳，晚期病人咳嗽加重，并有咳痰，少数病人痰中带血。

2. 什么是生产性粉尘?

生产性粉尘是指在生产过程中形成并能够长时间飘浮于空气中的固体颗粒。它是污染作业环境、损害劳动者身体健康的重要职业病因素，可引起包括尘肺病在内的多种职业性肺部疾病。

1）生产性粉尘的种类

根据生产性粉尘的性质可分为三类：

（1）无机性粉尘：包括矿物性粉尘、如石英、石棉、煤等；金属性粉尘，如铁、锡、铝等及其他混合物；人工无机粉尘如水泥、金刚砂等。

（2）有机性粉尘：包括植物性粉尘，如棉、麻、面粉、木材；动物性粉尘，如皮毛、丝尘；人工合成的有机染料、农药、合成树脂、炸药和人造纤维等。

（3）混合性粉尘：指上述各种粉尘的混合存在形式，一般是两种以上粉尘的混合。生产环境中最常见的是混合性粉尘。

2）生产性粉尘的来源

（1）固体物质的机械加工、粉碎，如烟火剂、黑火药的粉碎等。

（2）化学工业中固体原料加工处理，物质加热时产生的蒸汽、有机物质的燃烧不完全所产生的烟尘。如爆竹的爆炸、火药燃烧时所产生的烟尘、粉尘等。

（3）物质的研磨、切削、碾碎、锯断过程产生的粉尘。

（4）矿石的粉碎、筛分、配料或岩石的钻空、爆破和破碎等。

（5）耐火材料、玻璃、水泥和陶瓷等工业中原料加工。

（6）皮毛、纺织物等原料处理。

（7）粉末状物质在混合、过筛、包装和搬运等操作时产生的粉尘，以及沉积的粉尘二次扬尘等。

3. 生产性粉尘对人体有哪些危害？

生产性粉尘进入人体后，根据其性质、沉积的部位和数量不同，可引起不同的病变。一个成年人每天大约需要吸入 19 立方米的空气，以便从中取得所需的氧气。如果工人在含尘浓度高的场所作业，吸入肺部的粉尘量就多。当尘粒达到一定数量时，就会引起肺组织发生纤维化病变，使肺部组织逐渐硬化，失去正常的呼吸功能，发生尘肺病。危害最大的是采石场、矿山、开山建筑、开凿隧道等产生的粉尘，它含有游离的二氧化硅（即矽尘），人体长期吸入这类粉尘就会导致矽肺。

生产性粉尘的种类不同和性质不同，对人体的危害也不同。引起的危害主要有以下几种：

（1）尘肺。长期吸入高浓度的生产性粉尘所引起的职业病。

（2）中毒。由于吸入铅、砷、锰等毒性粉尘，在呼吸道溶解并被吸入血液循环，引起中毒。

（3）上呼吸道慢性炎症。有些粉尘如棉尘、毛尘、麻尘等，在吸入呼吸道时，附着于鼻腔、气管、支气管和黏膜上，长期局部的刺激和继发感染可引起尘肺病。

（4）皮肤疾病。粉尘落在皮肤上，可堵塞皮脂腺、汗腺而引起皮肤干燥，继发感染，发生粉刺、毛囊炎、脓皮病。

（5）眼疾病。如烟草粉尘、金属粉尘等可引起角膜损伤；沥青粉尘可引起光感性结膜炎。

（6）变态反应。某些粉尘，如大麻、棉花、对苯二胺等粉尘能引起变态反应性疾病，如支气管哮喘、哮喘性支气管炎、湿疹及偏头痛等。

（7）致癌。如接触放射性粉尘的作业人员易发生肺癌；石棉尘可引起胸膜间皮瘤；铬酸盐、雄黄矿尘等可引起肺癌。

（8）其他作用。如铍及其他化合物进入呼吸道，除引起急慢性炎症外，还可引起肺的纤维增殖而导致肉芽肿及肺硬化；锰矿尘可引起肺炎等。

4. 国家对粉尘作业场所有哪些防尘卫生要求?

国家对作业场所粉尘浓度制定了严格的卫生标准，作业场所粉尘浓度低于国家标准的，发生尘肺病的可能性较小；作业场所粉尘浓度高于国家标准的，用人单位必须采取综合性措施，降低作业场所粉尘浓度，并为职工配备符合国家标准的个人呼吸防护用品。具体要求有：

（1）工作场所生产布局要合理。

（2）有配套的通风除尘措施，尽量采取湿式作业和湿式清扫，防止二次扬尘。

（3）定期监测作业场所的粉尘浓度是否符合国家职业卫生标准。

（4）作业场所粉尘浓度超过国家职业卫生标准时，应当为从事粉尘作业职工配备适宜的呼吸防护用品。

（5）特殊粉尘作业场所，如石棉、石英含量较高的粉尘作业场所，应有配套的更衣间、洗浴间等卫生设施。

（6）从事粉尘作业的职工应学习、掌握和遵守岗位操作规程，了解作业场所存在的粉尘危害因素和可能造成的健康损害。

（7）定期对通风除尘设备、设施进行检查，保证其处于良好状态，如果设备、设施发生异常，要及时进行维护或更换。

（8）作业人员按要求佩戴个人防护用品。

（9）用人单位安排职工职业健康检查。

5. 如何预防非煤粉尘伤害?

非煤防尘主要采取以风、水为主的综合防尘技术措施。既用水将粉尘润湿捕获，并借助风流将粉尘排出井外。

1）露天矿的防尘措施

（1）控制主要产尘源。钻孔作业是露天矿主要产尘源，可采取湿式钻孔捕尘方法；破碎作业可以采取密闭或通风除尘的办法。

（2）司机室防尘。由于运输过程中产生大量粉尘，钻机、电铲、汽车等的驾驶室内粉尘浓度很高，因此应对驾驶室进行除尘防护。

（3）运输过程中的防尘。电铲装车前，向矿（岩）洒水，卸矿时设喷雾装置；运输路面应经常洒水，维护路面保持平整，减少粉尘的产生。为使路面不产生粉尘，有条件的可使用不易产生粉尘的材料（如乳胶化沥青）维护路面，喷洒抑尘剂。

2）井下开采防尘措施

（1）采取湿式凿岩措施作业，严格禁止无防护设备的干式凿岩。

（2）采用添加水炮泥爆破和水封爆破，爆破后喷雾，并立即喷雾10分钟。

（3）运矿实行湿式作业，装矿前向矿（岩）洒水，卸矿点设喷雾装置。

（4）加强通风，连续作业的矿井，通风机要连续运转，并保证作业面有足够的通风量。独头作业面，要安设局部通风装置。

（5）预先润湿矿体防尘。要在矿体尚未开采前用水加以润湿，增加矿体水分，以减少开采时的粉尘产生量。方法是向矿层注水和采空区灌水等。

（6）辅助性防尘措施。包括入风巷道、回风巷道设水幕，净化风源和已被粉尘污染的空气；冲洗巷道壁、保持通风筒清洁，防止二次扬尘。井下作业人员必须戴防尘口罩。

6. 如何减少煤尘对人体的伤害？

煤尘是指在采煤生产过程中产生的生产性粉尘。煤尘对人体健康和矿井安全存在着严重的危害。

1）煤尘的产生

（1）产生煤尘的主要因素是采煤机落煤、装煤、液压支架移架、运输转载、运输机运煤、人工装煤、爆破及放煤等。

（2）机械化采煤时，会产生大量煤尘。而且机械化程度愈高，煤尘产生量也愈大。

（3）炮采采煤作业时，在打眼、爆破等生产环节煤尘产生最高，同时在装煤、运输转载中也会产生大量煤尘。

2）煤尘的危害

（1）对人体的危害。长期吸入大量的煤尘，轻者引起呼吸道炎症，重者导致尘肺病。同时皮肤沾染煤尘后，阻塞毛孔，引起皮肤病或发炎，煤尘还会刺激眼膜。

（2）煤尘爆炸。煤尘在一定条件下可以爆炸，造成重大危害。

（3）污染作业环境。煤尘浓度增大，会降低作业场所和巷道通风度，不仅影响劳动效率，还容易导致误操作、误判断，造成作业人员伤亡。

（4）对机械设备的危害。煤尘能加速机械磨损，缩短使用寿命，增加人员对设备和维修工作量。

3）降低煤尘措施

（1）完善专业队伍，配齐通风区灭尘专业人员和兼职灭尘人员，建立和完善洒水设施，遵守冲刷巷道积尘制度。

（2）积极推广降尘新技术、新经验，实施煤层注水。通过钻孔将压力水注入煤层裂缝和孔隙之中，使煤层湿润，开采时减少煤尘的发生量，提高降尘效果。

（3）开展煤尘监测和防尘监督工作。井下所有产尘点及工序，通风区每旬测定一次，研究分析降尘效果，及时上报有关领导。通风和安监人员要经常深入井下，定期和不定期监督检查防尘工作。

（4）建立防尘供水系统。没有防尘供水管路的采掘工作面不能生产，并确保水质、水量要求。

（5）喷雾洒水。对井下各集中产尘点要进行喷雾洒水，以捕获浮尘和湿润积尘。

（6）通风降尘。控制合理的风速，稀释和排除作业地点浮尘，防止过量积尘。

（7）净化风流。在含尘空气流经的巷道设置水幕、水帘等设施和设备，捕获煤尘，减少浮尘。

（8）水封破煤。使用水炮封堵炮眼，利用水的气化降尘。

（9）清除积尘。及时、定期清除巷道中、支架上和设备、物料表面的积尘。

（10）做好防护。作业人员要穿好防护服，戴好防尘口罩，减少或避免煤尘伤害。

7. 治理粉尘的“八字方针”是什么？

综合治理粉尘措施可概括为八个字，即“革、水、密、风、管、教、护、检”，也就是我们通常说的“八字方针”。

（1）“革”：工艺改革。以低粉尘、无粉尘物料代替高产尘设备，这是减少或消除粉尘污染的根本措施。

（2）“水”：湿式作业可以有效地防止粉尘飞扬。例如，矿山开采的湿式凿岩、铸造业的湿砂造型等。

（3）“密”：密闭尘源。使用密闭的生产设备或将敞口设备改成密闭设备。这是防止和减少粉尘外逸，治理作业场所空气污染的重要措施。

（4）“风”：通风排出。受生产条件限制，设备无法密闭或密闭后仍有粉尘外逸时，要采取通风措施，将产尘点的含尘气体直接抽走，确保作业场所空气中的粉尘浓度符合国安卫生标准。

（5）“管”：领导要重视防尘工作，防尘设施要改善，维护管理要加强，确保设备良好、高效运行。

（6）“教”：加强防尘工作的宣传教育，普及防尘知识，使接触粉尘者对粉尘危害有充分的了解和认识。

（7）“护”：受生产条件限制，在粉尘无法控制或高浓度粉尘条件下作业，必须合理、正确地使用防尘口罩、防尘服等个人防护用品。

（8）“检”：定期对接触粉尘人员进行体检；对从事特殊作业的人员应发保健津贴；有作业禁忌证的人员，不能从事接触粉尘作业（有下列疾病者不宜从事接触粉尘作业：活动性结核病、严重的上呼吸道和支气管疾病，显著影响肺功能的肺或胸膜病变、严重的心血管疾病）。

8. 哪些行业工种容易导致尘肺病？

（1）煤矿及其他矿山开采：主要作业工种有掘进、爆破、采煤、支柱、运输等。

（2）机械制造业：如铸造的配砂、造型，铸件的清砂、喷砂以及电焊作业等。

（3）金属冶炼：如矿石的粉碎、筛分和运输等。

（4）建筑材料行业：如耐火材料、玻璃、水泥、木料破碎、碾磨、筛选、拦料等，石棉的运输和纺织等。

（5）公路、铁路、水利建设：如开凿隧道、爆破等。

(6) 产尘量大，粉尘浓度高于国家标准的作业场所。

(7) 生产性粉尘的石英纯度高的作业场所。

(8) 生产过程采取干式作业，且没有通风除尘设施的作业场所。

(9) 作业时间长的场所。

(10) 劳动强度大的作业场所。

(11) 没有配备个人呼吸防护用品的作业场所。

具有下列情况者不能从事粉尘作业：

(1) 不满18周岁。

(2) 患活动性肺结核。

(3) 患严重的慢性呼吸道疾病，如萎缩性鼻炎、鼻腔肿瘤，支气管哮喘、慢性支气管炎等。

(4) 严重影响肺功能的胸部疾病，如弥漫性肺纤维化、肺气肿、严重胸膜肥厚与粘连、胸廓畸形等。

(5) 严重的心血管系统疾病。

9. 从事粉尘作业农民工为什么要进行职业健康体检?

职业健康体检是指对从事接触粉尘危害作业农民工进行的特定身体检查。包括上岗前、在岗期间、离岗时以及离岗后的医学随访。

1) 上岗前体检

上岗前的职业健康体检，是指用人单位对即将从事粉尘作业的农民工在上岗前对身体进行特定的检查。上岗前职业健康体检是强制性的，应在农民工从事按触粉尘作业前完成。对于即将从事粉尘作业的新录用人员，包括转岗到接触粉尘作业岗位的人员均应进行上岗前的职业健康体检。

上岗前职业健康体检主要目的是掌握农民工是否有职业禁忌

症，是否适合从事粉尘作业，以建立从事粉尘作业农民工的基础健康档案。上岗前为农民工进行的职业健康体检不是剥夺有职业禁忌病农民工的劳动权利，而是保护其身体健康。

从事粉尘作业的农民工上岗前职业健康体检项目主要包括：了解其职业史、既往病史、结核病接触史等，拍摄 X 线胸片、肺功能以及必要的其他实验室检查。

2）在岗期间体检

在岗期间的职业健康体检，是指用人单位依照国家规定对长期从事粉尘作业的农民工健康状况定期进行的检查。在岗期间的职业健康体检周期根据生产性粉尘的性质、工作场所的粉尘浓度、防护措施等因素决定。

在岗期间职业健康体检的目的主要是早期发现尘肺病患者、及时发现有职业禁忌症的职业和对“观察对象”进行动态观察，以便将发现的有职业禁忌症或有早期职业健康损害者及时调离，安排适当工作。此外，通过在岗期间的职业健康体检，还可以动态观察农民工群体的健康变化，并对作业场所粉尘危害的控制效果进行评价。定期职业健康体检包括：了解职业史和自觉症状、拍摄 X 线胸片等。

3）离岗时体检

离岗时的职业健康体检，是指农民工在准备调离或脱离所从事的粉尘作业前进行的全面健康检查。离岗时职业健康体检主要目的是确定农民工在停止接触生产性粉尘时的健康状况。对于从事粉尘作业的农民工来说，离岗时的体检结果非常重要，这时农民工一旦患尘肺应该从哪里获取职业待遇的依据。

离岗职业健康体检，应尽量安排在解除或终止劳动合同前一个月内为宜，如最后一次在岗体检在离岗前 90 日内，可视为离岗时体检。用人单位如不安排离岗职业健康体检，农民工可向当地卫生监督机构或劳动保障部门投诉，也可依法申请劳动仲裁。离岗职业健康体检包括：了解职业史和自觉症状、拍摄 X 线胸片等。

4）进行医学随访

已经脱离粉尘作业的农民工即使调离原工作岗位，也应根据接触粉尘情况继续进行医学随访观察。这是由于原来进入肺部的生产性粉尘（尤其是矽石）对肺组织具有持续性的致纤维化作用，脱离粉尘作业后农民工仍可发生尘肺病，或使原有的尘肺病加重。因此，对于从事过粉尘作业的农民工，离岗后还必须进行定期医学随访，以便早期发现，或及时掌握原有尘肺病的病情进展情况。

10. 职业健康体检发现异常怎么办？

（1）对于职业健康体检发现异常需要复查或医学观察的农民工，用人单位应当安排时间让农民工前往体检机构进行复查或医学观察，需要进行尘肺病诊断的，用人单位应当安排到职业病诊断机构进行诊断。发现有禁忌症者从事粉尘作业的，用人单位应及时将其调离原工作岗位，并妥善安置。

农民工在知道职业健康体检结果出现异常时，应当按照用人单位的安排及时进行复查；需要进行职业病诊断的，应当配合职业病诊断机构进行诊断；如果身体情况不适合在原岗位工作，应当服从用人单位的安排到新的岗位工作。

在职业健康体检中发现 X 线胸片有不能确定的尘肺样影像学改变，属于“观察对象”，其性质和程度需要在一定期限内进行动态观察。

（2）已确诊的尘肺病患者仍需要进行定期健康检查，因为尘肺病即使脱离粉尘作业后病情仍有可能进展。比如，农民工离岗体检时诊断为一期尘肺病，虽然该农民工以后不再从事粉尘作业，但由于原来进入肺组织的粉尘仍然具有持续性的致纤维化作用，使原有尘肺病病情加重。为了及时了解病情进展情况，已确

诊的尘肺病患者还必须进行定期健康体检。

（3）充分利用职业健康监护档案。职业健康监护档案是农民工健康监护安全过程的客观记录资料，是系统观察农民工健康状况的变化、评价个体和群体健康损害的依据。职业健康监护档案由用人单位建立和保存。

职业健康监护档案内容包括：农民工的职业史、既往史、职业病危害接触史；作业场所的粉尘种类、浓度等监测结果；职业健康检查结果及处理情况；职业病诊断等资料。

农民工有权查阅、复印本人的职业健康监护档案。用人单位应如实、无偿提供档案的复印件并在所提供的复印件上签章。农民工离开原单位时，应当索要个人的健康监护档案复印件（原件用人单位长期保存），并妥善保管好健康监护档案的所有资料，以备发生纠纷后留作证据，维护自身合法权益。

11. 职业健康检查与一般体检有什么不同?

职业健康检查是对从事接触粉尘危害作业农民工进行的特定身体健康检查。职业健康检查项目包括拍摄符合质量要求的 X 线胸片，接触棉、麻等有机粉尘者还要进行肺功能测定等。

一般检查是用人单位对非接触职业病危害作业的农民工进行的身体检查，属常规体检，以查五官科、心、肝、肾、肺、必尿料、妇科等为主，以发现常见病，早期治疗，其目的是保护职工的健康。

职业健康检查与一般检查不同之处是：

（1）职业健康检查具有针对性，如就业前的职业健康检查是针对将从事有害作业工种的职业禁忌进行的。

（2）职业健康检查具有特异性。不同的职业病危害因素造成的健康损害不同，如粉尘作业，主要是引起呼吸系统损伤，因此，要拍 X 线胸片、肺功能检查等。

（3）职业健康检查具有强制性。为保护农民工的职业健康，用人单位对从事粉尘作业农民工进行上岗前、在岗期间和离岗时的职业健康检查是强制性的，对此国家法律有明确规定。

（4）职业健康检查不是所有医院都能进行。应由取得省级以上人民政府卫生行政部门批准的医疗卫生机构进行，否则检查结果无效。

12. 诊断尘肺病需要具备哪些要素？

1）诊断尘肺病医疗卫生机构

国家规定尘肺病的诊断必须在省级以上人民政府卫生行政部门批准的医疗卫生机构进行。农民工可以在用人单位所在地，或者本人居住地依法承担职业病诊断的医疗卫生机构，进行尘肺病诊断。

2）尘肺病诊断需要的材料

农民工申请职业病诊断应提交申请书、本人健康损害证明、用人单位提供的职业史证明等。职业史证明的内容应从开始接触粉尘作业的时间算起，尽可能包括工种、工龄、接触生产性粉尘的种类、操作方式或操作特点、每日或每月的接触时间、是否连续接触粉尘、作业场所的环境条件、防尘设施及其效果、历年作业场所粉尘浓度检测数据等。

尘肺病诊断、鉴定需要用人单位提供有关职业卫生和健康监护等资料时，用人单位应及时、如实提供，农民工和有关机构也应当提供与职业病诊断、鉴定有关的资料。农民工不能提供职业史证明的，可提交劳动关系证明材料作为佐证。劳动关系证明应当以劳动合同、劳动关系仲裁或法院判决书以及用人单位承认的材料为依据。

对于用人单位未与农民工签订劳动合同或劳动合同到期等，或已经与用人单位解除劳动合同的，农民工申请职业病诊断时如

果用人单位否认与农民工的劳动关系，农民工提供以下任何一种凭证并经过劳动部门认定，职业病诊断机构都可以作为尘肺病诊断的依据。

（1）能够证明劳动用工关系的资料，如工资支付凭证或记录（工资支付花名册）、缴纳的各项社会保险费记录等。

（2）能够表明农民工身份的资料，如用人单位向农民工发放的“工作证”、农民工个人的“身份证”等证件。

（3）能够证明用工招工关系的资料，如农民工填写的用人单位招聘“登记表”“报名表”等招用记录。

（4）考勤记录以及3人以上其他农民工的证名等。

3）尘肺病诊断要素

诊断尘肺病的必须要素有：农民工接触粉尘作业史、现场粉尘危害调查与评价资料，临床表现以及辅助检查结果等。没有证据否定尘肺病危害因素与病人临床表现之间的必然联系的，在排除其他致病因素后，应当诊断为尘肺病。

4）尘肺病诊断异议处置

农民工对尘肺病诊断有异议后，可以向职业诊断的医疗卫生机构所在地人民政府卫生行政部申请鉴定。

尘肺病诊断争议由设区的市级以上地方人民政府卫生行政部门根据当事人的申请，组织职业病诊断鉴定委员会进行鉴定。

农民工对设区的市级职业病诊断鉴定委员会的鉴定结论不服的，可以向省、自治区、直辖市人民政府卫生行政部门申请再鉴定。省级职业病诊断鉴定是终级鉴定。

13. 尘肺病患者应注意哪些事项？

1）重视治疗原则

农民工被确诊为尘肺病后，首先应及时脱离粉尘作业岗位，并根据病情需要进行综合治疗，积极预防和治疗肺结核及其他并发症，减轻临床症状，延缓病情进展，延长患者寿命，提高生活质量。

患病早期的尘肺病人可安排短期疗养，注意休息，加强营养，必要时配合适当药物治疗，多数病人经过一段时间的调养，尘肺病症状减轻，体重增加，仍可走上新的工作岗位。对轻晚期的尘肺病患者，则主要是根据症状、病情的轻重和用药效果等情况选择对症处理方案。

2）预防并发症

由于尘肺病病人肺组织纤维化导致肺部抵抗力降低，容易并发肺部感染、肺结核、慢性肺源性心脏病、自发性气胸、肺气肿、气功能不全等疾病，一旦出现这些并发症，应及时就医。

尘肺病人要注意远离结核病人，预防合并肺结核。同时，要注意预防感冒，在感冒流行期不要到人员过于集中的地方，减少肺部感染的机会。此外，还应注意保持大便通畅和防止突然过分用力、避免用力咳嗽，咳嗽时要及时治疗，预防和减少气胸的发生。

3）注意生活习惯

目前，尘肺病尚无有效方法治愈，但对于早期尘肺病病人来说，通过加强营养、适度锻炼、提高免疫力和预防感冒等措施，一般不会影响正常生活，并能达到正常寿命。尘肺病人日常生活要注意以下几点：

（1）增强体质，锻炼呼吸动能。通过坚持锻炼，可增强体质，增加肺活量，改善肺通气功能。但锻炼时要因人而异，不要过于劳累。

（2）预防和控制并发症。加强医疗保健，积极预防和治疗并发症，缓解病情进展、提高生命质量。

（3）保持良好的精神状态。保持乐观的情绪和良好的精神状态，有助于增强身体免疫力。要及时调整疑虑、痛苦、急躁、恐惧、失望等不良心理。

（4）居室空气温度要适宜，经常通风换气，保持室内空气

新鲜。

(5) 合理饮食和起居。由于尘肺病人的脾胃功能失调，因此，要选择健脾开胃、清肺补肺，有营养易吸收的饮食。要合理安排生活起居，养成良好的生活行为方式。

14. 怎样避免矽肺病?

矽肺又称硅肺，是尘肺中最为常见的一种职业类型病。由于长期吸入大量含有游离二氧化碳粉尘所引起，以肺部广泛的结节性纤维化为主的疾病。矽肺是尘肺中最常见、进展最快、危害最严重的一种类型。

在矿山工作的农民工由于经常接触煤尘或是矿物粉尘，安全措施稍有疏忽就容易患有矽肺，一定要注意防护。

(1) 企业是生产的主体，控制或减少矽肺发病，关键在于防尘。工矿企业应大力改革生产工艺、湿式作业、密闭尘源、通风除尘、设备维护检修等综合性防尘措施。

(2) 农民工要加强个人防护，遵守防尘操作规程。对生产环境要定期监测空气中粉尘浓度，加强宣传教育，上岗就业前进行体格检查，包括 X 线胸片。

(3) 凡有活动性肺内外结核，以及各种呼吸道疾病患者，都不宜参加矽尘工作。矽尘农民工要定期检查，包括 X 线胸片，检查间隔时间应根据接触二氧化硅含量和空气粉尘浓度而定。

(4) 加强工矿区结核病的防治工作，对结核菌素试验阴性者应接种卡介苗；阳性者进行预防性抗结核化疗，以降低矽肺合并结核的发病。

(5) 对矽肺患者应采取综合性措施，包括脱离粉尘作业，安排其他适当工作，加强营养和妥善进行康复锻炼，增强体质，以预防呼吸道感染与合并症状的发生。